面包果
品种资源与栽培利用

吴 刚　谭乐和◎主编

U0239135

中国农业出版社
北 京

编著者名单

主　编　吴　刚　谭乐和

副主编　孟倩倩　苏兰茜　贺书珍　刘爱勤

编著者　白亭玉　初　众　符红梅　胡丽松

　　　　　贺书珍　何　云　刘爱勤　孟倩倩

　　　　　秦晓威　苏兰茜　谭乐和　伍宝朵

　　　　　吴　刚　杨幼龙　朱自慧

面包果品种资源与栽培利用

本书的编著和出版，得到2020年海南省重点研发计划"特色热带果树面包果资源评价与创新利用"（ZDYF2020049）、国家热带植物种质资源库木本粮食种质资源分库、中国热带农业科学院2021年院本级基本科研业务费专项"热带木本粮食作物种质资源收集、保存和创新利用"（No.1630142017018）等课题经费资助。

面包果是极具特色的热带木本粮果作物，果实营养丰富、口感松软、风味独特，是天然健康食品。发展面包果产业可〝藏粮于树〞，是对国家〝藏粮于地、藏粮于技〞战略的延伸与补充，意义深远。我本人很早就开始关注这种热带作物，特别是在南太平洋地区考察期间对面包果印象颇深，发现岛国居民利用面包果为其衣、食、住、行、用等服务，几乎涉及日常生活的方方面面：树皮纤维可做衣服；果实可蒸、煮、烤、炸，吃法多样，连当水果吃都行；木材可盖房子、造船等；树叶可做家畜的青饲料，适口性好。面包果已经融入当地的文化习俗中，种面包果寓意〝一生无忧〞〝面包会有的〞；婚配嫁娶中，面包果树苗是嫁妆之一。这些彰显了面包果在南太平洋地区民族文化中的重要作用。在萨摩亚考察时，我曾有幸品尝当地特色家宴，其中面包果就是一道特色食材，充满岛国异域风情。

从20世纪50年代开始，海南省万宁市兴隆的华侨陆续引进种植面包果，但由于品种资源单一，配套的种苗繁育技术等未能突破，该作物长期处于零星种植阶段，产量有限，大家并未了解其功能用途，也未能引起有关部门重视。我欣喜地看到，在中国热带农业科学院香料饮料研究所（以下简称香饮所）木本粮食研究团队的努力下，面包果产业在我国热区正经历从无到有，再到适度产业化的发展过程。从2016年开始，只要我去香饮所调研，必到田间地头关心香饮所面包果产业的发展，不断勉励他们，〝你们先做，面包会有的〞。在几乎无项目经费资助的情况下，编者团队成员不负所望，团结协作，艰苦奋斗，不断积累，终于取得突破，不但在海南岛东南部的琼海、万宁、乐东等地建立面包果试验示范基地，研发配套栽培技术和了解其适宜种植区域，而且把面包果试种到祖国的三沙市，有望为岛屿岛礁的园林绿化和粮食安全做出贡献。该

1

书不仅系统介绍了我国面包果引种发展历史、品种资源、种植技术及利用等基本知识，也是面包果最新研究成果及生产实践的总结，内容丰富，图文并茂，对指导我国热区面包果商品生产具有重要作用。

期待面包果作为新兴的作物种类，在我国热带地区农业增效、农民增收、农村增绿中发挥重要作用。祝贺该书出版！

中国热带作物学会理事长
中国热带农业科学院副院长　　刘国道

2021年6月

前　言

　　面包果又称面包树，是桑科波罗蜜属特色热带粮食作物，可作为热带高效水果产业开发，粮果兼优。其果实烘烤后，口感、质地和面包类似，面包果名字由此而来。

　　在原产地或引种地，面包果规模化商业栽培相对较少，一般是农林作物复合栽培和庭院种植的重要组成部分，以相对较低的资金和劳动力投入就可促进农业可持续生产，是名副其实的"懒人作物"。据记载，面包果在原产地结果量可达6吨/公顷，与其他常见的主要作物相比毫不逊色，并已被认为是最有潜力解决世界热带地区粮食短缺问题的作物之一。在南太平洋地区，萨摩亚是面包果主产区之一，主要用于家庭消费，并有少量出口；近年斐济农业部门开始重视面包果推广种植工作，种植面积逐年增加。加勒比海地区也是面包果的主产区，特别是牙买加有种植面包果的传统，面包果是当地家庭的主粮之一。2020年受新冠疫情影响，面临粮食短缺问题，面包果在南太平洋的岛屿国家和地区发挥了重要作用，再次帮助人们度过了艰难时期。印度、巴基斯坦、印度尼西亚等国家种植面积也有上升趋势，原因是种植面包果劳动力投入少且产量高，能较好地解决当地粮食问题。据不完全统计，世界面包果种植收获面积约25万公顷，年产量约150万吨，年产值约30亿美元。

　　成熟的面包果果实用途多样，可煮汤，切片用火烤或油炸，清甜可口，口感松软，风味胜似面包，是天然的健康食品。果实经后熟软化，果肉可直接食用，与优质奶油布丁一样可口甜香，具有淡淡百香果、香蕉和芒果的混合味道。果实晒干磨粉可当面粉用，还可用来制作饼干、果酱和酿酒。有意思的是，被认为是世界上最强壮民族之一的南太平洋岛国萨摩亚居民，其传统主食就是面包果；牙买加的一些地区，传统主食也是面包果。现代营养学研究证

1

实，面包果的营养价值不亚于食用的米、面，是热带地区用途广泛的木本粮食资源，常被称为热带地区的"树上粮仓""铁杆庄稼"。

面包果特色鲜明，经济价值高，是值得发展的热带产业，有望为我国热带特色高效农业增加一种新兴作物种类。首先，面包果果肉及种子富含淀粉、蛋白质、维生素、膳食纤维和矿物质，营养丰富齐全，弥补了粮食作物营养中大多不含维生素的不足，这也是为数不多的一种单体作物即可满足人体基本营养需求的"天然面包"。在原产地，面包果特别受到当地人和一些健康饮食人士追捧。各民族的素食主义者或老年人的膳食模式中，面包果是拉丁美洲、大洋洲后裔膳食中常见食物。斐济、夏威夷、新西兰、塞舌尔、马尔代夫等国家和地区，面包果需求量不断增大，原因是当地加工企业用成熟的面包果加工果条、甜点和馅饼，或当地饭店的厨师用面包果做菜肴，颇受世界各地游客青睐。此外，品尝当地具有独特风味的民俗美食也是体验异国风情的重要环节。在岛屿国家，人们把面包果当作一种名贵的菜肴，焙烤后磨成粉用于煮咖喱或制成其他各种食品。在我国引种地海南万宁兴隆地区，面包果优良品种种植3~4年即可开始结果，盛产期单株面包果年平均结果80个左右，按1.25千克/个计算，株产量可达100千克，产量可观，市场紧俏，常卖到16~20元/千克，经济价值高。

目前我国热带地区农业产业面临转型，农民增收渠道不多。而面包果栽培管理粗放，无论山区、丘陵、平原或沿海地区，植地遍布房前屋后、村庄边缘、公路两旁等，种植方式灵活多样，易于被乡村地区人民群众接受，也是绿化美化乡村的好资源，因而可大力推广种植。其早结丰产、食用方便简单等特点，广受群众欢迎。加之面包果最早由华侨引进种植，具有独特的华侨文化，有序开发特色面包果资源，做大做强优势特色产业，可彰显兴隆华侨地域特色农业产业。随着海南省建设国际旅游消费中心、自由贸易试验区进程的推进，游客对各种名、优、稀、特色粮果的需求与日俱增，积极升级旅游产品，发力特色旅游消费，健康生态且营养丰富的面包果也将是游客最想了解和品尝的项目，对发展地方特色经济、实现乡村振兴具有重要现实意义。由于其天然的面包风味，近年面包果受到新闻媒体的关注，2017年4月24日中央电视台四套"远方的家"、2017年9月23日中央电视台二套"是真的吗？——面包结在树上″、2017年10月16日海南周刊物种栏目″长面包的树″、2019年10月19日三沙卫视″从海出发——美味的诞生″、2021年4月10日中央电视台四套″中国地名大会″等栏目对面包果进行了科普宣传，也让更多群众了解了面包果。因此，面包果作为特色热带粮果作物，种植业新贵，产业发展潜力较大，市场前景看好。

面包果既是特色热带果树，也是南方特色杂粮。粮安天下，确保中国人的饭碗牢牢端在自己手中，是中国农业转型发展必须长期坚持的底线。发展包括面包果在内的热带木本粮食产业，符合国家粮食结构调整的政策，满足新时代人们日益增长的对美好生活的需求，对粮食等农产品供给更加多元化的需求。

面包果还有望成为我国热带海岛地区粮食安全的重要战略资源之一。正在建设中的海南省三沙市分布有众多零星、大小不一的岛屿岛礁，其中淡水和粮食是岛屿岛礁重要的战略资源。面包果原产于南太平洋岛屿地区，适应珊瑚礁等盐碱土壤环境条件，推广到三沙市种植的潜力大，不仅能绿化岛屿岛礁，还能提供粮食资源，健全岛礁的粮食安全保障机制，有望为我国岛屿岛礁农业开发等提供农业资源基础。发展热带面包果产业，由于种植方式灵活多样、见缝插针，而且管理粗放，不占用耕地，能够种植在大量的边际土地上，可缓解因粮食增产所带来的生态压力，″藏粮于树″，是对国家″藏粮战略″的有效延伸及补充，无论从粮食安全预备灾年角度，还是丰富民众饮食方面，或者对于城市和乡村绿化而言，都具有重要的现实意义。

目前我国面包果研究尚处于起步阶段，产业处于适度产业化种植阶段，究其原因，除认知不足外，优异资源特别是抗寒资源匮乏以及优良种苗繁育与栽培技术缺乏，更是制约其产业发展的重要因素。农业农村部中国热带农业科学院香料饮料研究所（以下简称香饮所）热带木本粮食作物研究中心正致力于面包果种质资源收集保存、鉴定评价与创新利用、配套种苗繁育技术及高效栽培技术研究等工作。《面包果品种资源与栽培利用》的撰写出版，是在国内外研究成果基础上，香饮所最新研究成果及生产实践的总结，对加快我国面包果产业科技进步及可持续发展具有重要指导作用。

本书由吴刚、谭乐和主编，其中：谭乐和指导本书的框架及撰写，吴刚

负责全书统稿及面包果生物学特性、品种分类、种苗繁育等章节编写；苏兰茜、白亭玉负责种植技术等章节编写；孟倩倩、刘爱勤负责病虫害防治章节编写；贺书珍、初众负责收获和加工章节的编写；秦晓威、符红梅、伍宝朵等负责国外资源、图书资料收集整理。系统地介绍了我国面包果的引种发展历史、生物学特性、分类及主要品种、种植技术、病虫害防治以及采收加工等基本知识，具有技术性和实用操作性强、图文并茂等特点，可为广大农业种植者、科技人员和院校师生查阅使用。本书在编写过程中得到其他有关单位的大力支持，在此谨表诚挚的谢意！由于编著者水平所限，书中难免有错漏之处，恳请读者批评指正。

编著者

2021年6月

目 录

面包果 • • •
品种资源与栽培利用

Chapter 1

第一章　面包果概述

第一节　种植概况与意义

面包果，学名*Artocarpus altilis*（Parkinson）Fosberg，英文名breadfruit，又名面包树，是桑科波罗蜜属多年生典型的热带木本粮食作物，有"长面包的树"之美称。原产于南太平洋的波利尼西亚和西印度群岛，是当地的主要粮食作物，萨摩亚、斐济、瓦努阿图、夏威夷、牙买加、印度尼西亚、越南及非洲的一些热带国家广泛种植。

面包果在不同国家和地区有不同的名称，如：Ulu（萨摩亚、夏威夷、罗图马、图瓦卢）；Mei、Mai（密克罗尼西亚、基里巴斯、马绍尔群岛、马克萨斯群岛、汤加、图瓦卢）；Uto、Buco、Kulu（斐济）；Beta（瓦努阿图）；Bia、Bulo、Nimbalu（所罗门群岛）；Kapiak（巴布亚新几内亚）；Te Mai（巴纳巴岛）；Kuru（库克群岛）；Uru（社会群岛）；Mazapan无核品种、Castana有核品种（危地马拉、洪都拉斯）；Meduu（帕劳群岛）；Marure（秘鲁）；Panapen无核品种、Pana DePepitas有核品种（波多黎各）；Sukun（印度尼西亚、马来西亚）；Sa Ke、Khanun-Samphor（泰国）；Sake（越南）；Rimas（菲律宾）；Bakri-Chajhar、Kathal（印度）；Rata Del无核品种、Kos Del有核品种（斯里兰卡）。在中国，无核品种一般称为面包果；有核品种也常误称为面包果，其实是硬面包果。

目前在原产地，面包果一般是农林作物复合栽培的重要组成部分，资金、劳动力成本投入少，是名副其实的"懒人作物"。而面包果结果产量可达6吨/公顷，是热带地区最有发展潜力的木本粮食作物之一。其果实富含淀粉、蛋白质，还含有钙和多种维生素等。成熟果实外观为黄绿色，果肉呈黄白色，较适合煮食。成熟果实吃法各种各样，捣碎吃、煮着吃、烤着吃、炸着吃、蒸着吃，也可煮汤、切片用火烤或油炸、切块煮咖喱，果肉松软清甜，香味似面

包、香芋或饼干，非常可口（图1-1至图1-3）。果实磨粉可制成咖喱或奶酪，还可用来制作饼干。在面包果呈橙黄色时，采摘熟果经后熟软化，味甜，可当水果鲜食，与优质的奶油布丁一样可口甜香（图1-4）。南太平洋岛屿的居民家中，面包果除了当面包吃之外，还有很多不同吃法，如用椰汁和牛奶、糖拌在面包果的"面团"里，做成很多美味的甜糕，也可制作果酱、果酒；鲜果肉与鱼干炖汤，清香鲜美。传统以来，面包果树体分泌的黏性胶乳可作药用，口服治疗腹泻，涂抹皮肤治疗感染；雄花燃烧后可用作驱蚊剂；木材较轻，通常用来建造房屋和独木舟，能防白蚁。在萨摩亚，最好的房子，尤其是屋顶，都是用面包果树的木材建造，使用寿命可长达50年。此外，面包果木材还用于制作碗、雕刻品、家具以及其他家居物品。

图1-1　面包果煎片

图1-2　椰奶面包片（杜添江提供）

图1-3　咖喱面包

图1-4　成熟面包果切片

　　面包果是南太平洋岛国不可或缺的传统粮食作物，家家户户房前屋后及庭院常见种植，加勒比海岛地区也常见，具体见图1-5至图1-10。在汤加和萨摩亚，面包果、香蕉和芋头是当地居民的主要食品；密克罗尼西亚、瓦努阿图的传统主食是面包果、芋头等，在农业调查中常见枝繁叶茂的粗壮面包果大树，粗度有2米左右，据当地人说其树龄有上百年（图1-11、图1-12）；图瓦卢的经济以农业为主，主要种植面包果、椰子和香蕉等；在基里巴斯，农业主要是种植椰子，此外还有面包果、番木瓜和香蕉等。据不完全统计，在南太平洋地区，萨摩亚是面包果主产区之一，有超过5 000个农场种植面包果，总面积3 000多公顷，主要用于家庭消费。近年来，斐济国家农业普查表明，面包果树约为25万株，在当地农业部门的努力下，种植面积逐年增加。加勒比海岛地区也是面包果的主产区，特别是牙买加有种植面包果的传统，该国面包果种植面积最大的时期超过6 666公顷，其他太平洋岛国和非洲地区零星种植；印度洋岛国塞舌尔、马尔代夫、毛里求斯等国家也大量种植；印度、巴基斯坦、印度尼西亚等国家种植面积有上升趋势，原因是种植面包果劳动力投入少，且产量高。目前世界面包果种植面积约25万公顷，总产量150万吨左右，年产值约30亿美元。

图1-5　庭院种植面包果（瓦努阿图）　　图1-6　庭院种植面包果（加勒比海圣安德烈斯岛）

图1-7　庭院种植面包果（密克罗尼西亚）

图1-8　庭院种植面包果（汤加）

图1-9　庭院种植面包果（萨摩亚）　　图1-10　庭院种植面包果（所罗门群岛）

图1-11　百年树龄面包果树（密克罗尼西亚）

图1-12　百年树龄面包果树（瓦努阿图）

　　面包果在我国热区的海南、广东、台湾等地有引种栽培，但因采后处理与保鲜技术不高，一般不耐储运，以就地生产和销售为主，市场上流通比较少，未被老百姓普遍认知，加上社会对其营养价值、功能缺乏宣传，消费者对它了解甚少。在海南省万宁市兴隆地区，除了兴隆咖啡具有独特的华侨情节之外，面包果也颇具华侨文化特色。20世纪50～60年代华侨常携带面包果回国，并植于住所周边，兴隆华侨农场一些人家品尝过面包果之后，常想方设法寻找面包果种苗并定植于庭院（图1-13、图1-14），作为粮果的有效补充，在华侨家中咖喱煮面包果至今还保留着那份浓郁的文化传承。无核类型面包果最早的记录，为兴隆温泉旅游区迎宾馆的两棵面包果树，株龄60多年，植株直径近1米，仍然正常结果（图1-15至图1-17）。引种记录表明，面包果树能在兴隆地区正常生长发育，开花结果，种植方式灵活多样，并达到较高的产量，每株一季可结果60～100个。一般种植3～5年开始结果，6～8年的面包果植株进入盛产期，年平均结果80个左右，按1.25千克/个计算，株产量可达100千克，产量可观，市场紧俏，成为高端餐桌上的宠儿，在兴隆地区常卖到16～20元/千克，经济价值高，可因地制宜适当产业化发展，满足市场需要。

图1-13 海南万宁兴隆地区庭院种植面包果（一）

图1-14　海南万宁兴隆地区庭院种植面包果（二）

图1-15　60多年树龄面包果树（兴隆迎宾馆）

图1-16 面包果树结果（兴隆迎宾馆）

图1-17　面包果果实（兴隆迎宾馆）

面包果营养丰富，滋补强身，开胃耐饥。成熟面包果切片或切块，加椰奶、椰汁煎炸，味美甜香，地方特色鲜明，既可以开发做水果，也可以开发成为一种新型生态杂粮。随着海南省建设国际旅游消费中心、自由贸易试验区，积极升级旅游产品，发力特色旅游消费，游客对各种名、优、稀、特的特色粮果需求与日俱增，健康、生态且营养丰富的面包果也将是大家最想了解和品尝的项目，市场对面包果的需求越来越大，对发展地方特色经济、实施乡村振兴战略具有重要作用。因而，面包果产业具有良好的经济开发前景，是新兴的种植产业。

面包果粮果兼用，产量高，发展面包果产业可在一定程度上为国家粮食安全的有效补充。我国正在开发建设的海南省三沙市，有众多零星分布、大小不一的岛屿，土壤贫瘠，难以种植传统的粮食作物，其中淡水和粮食需要运输。面包果适宜珊瑚礁等土壤环境条件下生长，种植方式灵活多样，若能在三沙市推广种植，不仅能绿化岛屿岛礁，还能提供粮食资源，将对我国岛屿旅游业的开发奠定坚实的物质基础。

同时，面包果是大多数"一带一路"沿线国家种植的传统粮果作物，随着经济全球化与国际化，世界经济作物的交流和贸易日益频繁，海南建设全球动植物种质资源引进中转基地，这一背景为地区间进一步加强作物资源交流和利用奠定了良好的基础。此外，我国一贯重视国际粮农合作，进一步加大与联合国粮食及农业组织（FAO）的合作力度，支持FAO"手拉手"等务实合作倡议，共同为实现零饥饿和消除贫困等可持续发展目标做出贡献。当前国家以"一带一路"为契机，加大沿线国家农业发展的投资援助和良种良法等技术援助，支持发展粮食和农业生产，提高粮食综合生产能力和粮食自给能力，改善粮食安全形势。如我们的杂交水稻、木薯等粮食作物走出国门，促进与非洲、东南亚等国家的农业合作与交流，在一定程度为世界粮食安全做出了中国的贡献。面包果是南太平洋岛国具有重要经济价值和生态意义的作物，加快解决我国面包果产业发展中产前、产中、产后存在的关键技术问题，将来也是服务国家"一带一路"倡议的重要媒介作物。

此外，随着市场经济的发展，全面小康的实现，人们对各种名优稀特色杂粮的需求与日俱增，人们不再满足于吃饱，而对吃好、吃健康、吃个性产生了新的需求，人们对食物的期待不再只是对热量的获得，而是营养的摄取、口味和品位的追求。面包果是特色热带粮果作物，产业发展潜力受到相关政府部门重视，经济价值高，具有很好的开发潜力和市场前景。加速面包果的推广种植，不仅能供应粮食、绿化宝岛，也为热区农民增收增加一个可选的种植新品种。随着粮食作物农业供给侧结构性改革深入推进，将进一步把少的、好的调上来，多的、非优势的减下去。引导发展市场紧俏的面包果优质品种，增加高端供给，提高供给品质和质量，可满足人们对特色杂粮生态化、多元化及优质化的关注和需求。

第二节　起源与传播

面包果起源于南太平洋岛国，是南太平洋地区重要的粮食作物，据记载已有3000多年的栽培历史，是波利尼西亚、美拉尼西亚和密克罗尼西亚人日常饮食的一部分。波利尼西亚人用独木舟航行建立定居地时，常常携带面包果苗或繁殖材料根、种子等，面包果的传播在很大程度上与波利尼西亚人的迁徙历史密切相关，这种果实在16世纪西班牙航海者发现所罗门群岛后才为欧洲人所知，但面包果的进一步传播也是与当年欧洲的航海探险密切相关。

一、面包果的起源传播研究

早在20世纪80年代初，美国国家热带植物园的玛丽·格恩便开始研究面包果树，她对50多个南太平洋的国家或地区进行了面包果种质资源考察，收集了200余份面包果优异资源，并保存在夏威夷毛伊岛的面包果种质资源圃，建立国际上第一个面包果研究中心，对南太平洋地区面包果资源的收集、鉴定、分类及起源进行研究。当时植物学界对面包果的起源地不甚了解，她利用分子生物学的手段，对收集到的面包果种质资源的DNA进行测序，结合形态特征，对面包果的进化历程进行了梳理，在聚类分析中发现大多数品种都有一个共同的原始祖先，一种来自巴布亚新几内亚岛的硬面包果。

玛丽·格恩的研究认为，面包果传播的历程与波利尼西亚人的历史有密切的联系。对太平洋地区人类学、语言学和遗传学的研究发现，构成太平洋岛屿主要人口的南岛语系民族在公元前4000年到达巴布亚新几内亚岛，随后这个海上民族凭借着高超的航海本领，驾驶独木舟，带着面包果、香蕉、芋头、鸡、猪、狗以及民族的文化，远离家乡，从一个岛迁移到另一个岛。他们中一些人移居菲律宾及印度尼西亚东部，一些人一路东行，穿过美拉尼西亚到达波利尼西亚，随后向北前进到达密克罗尼西亚，最后进入塔希提岛。这一过程中，他们分散开来，一些人往北到达夏威夷，另外一些人则往南到达新西兰，迁徙过程持续到公元前1500年。南岛语系民族在探索太平洋时极有可能携带了面包果的种子等繁殖材料，但种子保存时间不长，到达迁徙地或发现新岛屿时，如果他们决定留下来，就会在那里种植能吃的作物，包括面包果、香蕉、芋头等，航行时间一般较长，面包果种子往往易于失去活力，大多只能通过插根这一无性繁殖方式传播面包果树。千百年来一直采用无性繁殖的方式繁育面包果，很有可能导致了无籽品种的形成。无籽面包果只有经过人类携带苗、根条的传播才可能到达世界各地，因此，面包果品种的历史与南太平洋地区人类迁徙的历史关系极为密切。

二、著名的面包果历史事件

17世纪末，英国航海家威廉·丹皮尔（1652—1715）在西非海岸和南美探险。由于选择的返回路线很长，途经太平洋、中国和菲律宾。丹皮尔回国后于1691年出版了一本名为 *A New Voyage Round the World* 的书，该书最早记载了欧洲对面包果的描述：果实卵形，呈褐色至黄色。18世纪，英国航海家詹姆

斯·库克（1728—1779）船长去了塔希提岛，随行的有植物学家约瑟夫.班克斯。在那里，他们注意到了面包果，这种果富含淀粉，风味和面包相似，并且发现面包果在岛屿传统民族饮食文化中起到重要作用。

当约瑟夫·班克斯当上了英国皇家植物园邱园园长之后，启动了从世界各地搜罗特色植物种质资源的项目，他又想起这独特的面包果树，于是向英国皇室大力推荐面包果，建议把塔希提的面包果树引种到加勒比海地区，解决当地粮食安全问题。于是在世界的另一端，大规模进行面包果树引种驯化的项目开始实施：首先建造了一艘结构独特的远航船，甲板有很大面积预留给面包果苗，船舱里设置了用于换气的舱口，地板上布满洞眼，地板下配备了灌溉水循环系统。这艘船在当时得到了最慷慨的赞助，被命名为"邦蒂号"（Bounty 意为"慷慨"）。"邦蒂号"船长是英国海军军官威廉·布莱（1754—1817），助手有两位，一位是他十分信任的军官弗莱彻·克里斯蒂安，另一位则是英国皇家植物园邱园的植物学家戴维·纳尔逊。由于准备工作耗时耗力，航行未按照规划路线进行，而是穿过大西洋，经过印度洋，于1788年10月到达塔希提岛。在塔希提岛上停留了6个月，他们不仅收集了1 000多株粗壮的面包果树，还陶醉于岛上的好客之道。到了该起航去加勒比海域的时候，布莱的手下很多人已经沉溺于岛上的生活，不想离开。1789年3月31日，"邦蒂号"船舱内装入了1 000余株健壮的面包果苗，由于面包果苗占用了船员大量的淡水资源，这引起了很多人的不满，尤其是大副弗莱彻·克里斯蒂安。当船只穿越南太平洋往西印度群岛途中，离出发还不到1个月，大副弗莱彻·克里斯蒂安带领一些不满的船员水手罢免了船长，将威廉·布莱和另外18名船员一起扔到一艘小艇上，又扔掉了所有的面包果树苗，然后驾驶"邦蒂号"返回塔希提岛。这就是面包果历史上著名的"邦蒂号"事件。最终威廉·布莱竟然不可思议地完成了数千千米的航行，到达荷兰殖民地西帝汶，并辗转回到英国。1793年，威廉·布莱船长重新接受任命，开启了另一次探险，这次他成功将3 100株面包果树运到了牙买加，面包果试种成功并解决了当地的粮食危机。以后，面包果逐渐成为牙买加居民的传统主食。

17世纪末，前往大洋洲的欧洲探险家和博物学家迅速认识到面包果作为一种高产、丰富营养来源的潜力，并向其热带殖民地引入了少数品种。18世纪后期一些无核品种从塔希提岛引入牙买加和东加勒比海群岛国家圣文森特；汤加当地的一些品种从毛里求斯引入马提尼克岛和卡宴，随后这些南太平洋岛国的面包果传遍整个加勒比海地区，并传到中美洲、南美洲、非洲以及亚洲的东南亚。如今面包果已遍布整个热带地区，萨摩亚、斐济、马达加斯加、马尔代夫、毛里求斯、夏威夷、牙买加、巴西、印度尼西亚、菲律宾等国家都有种植，美国南部的佛罗里达也有少量分布，但仍以大洋洲和加勒比海地区为主。在过去的几十年，加勒比海岛屿已成为向欧洲和北美洲出口新鲜面包果的主要出口地区（Marte，1986；Andrews，1990），而斐济农业与渔业部将面包果列为该国四大出口农产品之一。

三、面包果在中国的引种历史

目前在原产地，面包果规模化栽培相对较少，一般是采用资金、劳动力成本投入较少的方式种植，以复合栽培为主。我国海南、广东、云南、广西、台湾等地有引种栽培。在台湾，据说是由阿美人的祖先乘小木船由海外带种子回来，在台湾东部种植，再逐渐推广到全岛各地，主要在宜兰、屏东、花莲等地零星种植。广东、云南、广西、福建的一些科研单位或植物园收集保存的面包果资源绝大多数是有籽类型的面包坚果或硬面包果，靠种子繁殖传播。这种类型的面包果没有富含淀粉的果肉，食用价值不高，主要用作行道树或园林绿化观赏（图1-18、图1-19）。

图1-18　行道绿化观赏（海口市金牛岭公园）

图1-19　公园绿化观赏（海口市万绿园）

在海南省东南部的万宁市兴隆地区，面包果无核类型最早由20世纪50年代东南亚归国华侨携带引进，主要靠根蘖苗繁殖传播。归国华侨本着种植面包果于庭院以防灾荒年的想法，但却不知不觉中为国家引进了新的热带作物种质资源。1962年兴隆地区的面包果已开花结果，以后陆续又有归国华侨从马来西亚、印度尼西亚、越南等国引进种植。在兴隆的房前屋后、村庄和公路两旁，常见有种植的面包果等。但此后几十年间，因自然的根蘖繁殖苗数量有限，或种植管理不善，或台风摧毁，或遭寒害和虫害等，无核面包果大树存量较少。据笔者资源考察调研，兴隆华侨地区现存10年以上树龄的无核面包果大树已极少，亟待对这些来自不同国家的种质资源进行收集保存。

第三节 国内外研究现状

在国外，美国夏威夷国家热带植物园的面包果研究所从事面包果资源研究较早，建有目前世界上资源量最丰富的面包果资源保存圃。该研究所从整个太平洋群岛地区，以及塞舌尔、菲律宾和印度尼西亚等地收集保存了上百个品种，并建立了世界上第一个面包果种质资源圃，为面包果品种选育奠定了坚实的基础。此外，在2018年该研究所与多个国家的植物专家合作，突破面包果繁育方法瓶颈，玛丽·格恩和默奇得以大规模地推广培育出的树苗。在南太平洋地区的萨摩亚、斐济和法属波利西亚等地区选育推广的品种主要有Afara、Hamoa、Puou、Buco Ni Viti、Balekana Ni Samoa、Uto Wa等。

栽培技术方面。当前面包果在主产国主要作为庭院种植作物，常植于房前屋后、村庄边缘和公路边等，集中连片种植较少，定植成活后，后期的人力劳动成本投入较少，种植管理粗放。近年来，斐济、印度尼西亚等国开始重视该小宗作物的研究，从面包的园地选择、施肥灌溉、修枝整形等技术方面开展田间研究，研发出适合自己国家的栽培技术。目前还没有一套完整、系统的有关面包果施肥管理、养分规律的技术手册。总体来说，面包果产业栽培存在管理粗放、技术不配套、产量不稳定等现状，普遍未实现机械化。该作物是多年生的木本粮食作物，商品化生产必须标准化种植，才能促进产业发展。

病虫害综合防控技术方面。面包果通常树形健壮，病虫害发生相对较少，国外研究相对较深入。在国外，面包果通常也会遭受盾蚧、粉蚧、果蝇、根结线虫、叶片褐斑病、果腐病等危害，防治均以化学防治、农业防治为主，生物防治的研究和应用不多。

保鲜与加工技术方面。面包果果实在采收后3～5天成熟变软，国外一些学者为了延长面包果的货架期，也开展了采后保鲜相关研究。原产地也常见到用椰子油或植物油油炸的小产品出售，油炸食品对原果风味损失严重，外观差，产品较难达到出口的相应标准。萨摩亚、斐济、巴西、波多黎各、喀麦隆也研发了面包果淀粉加工，但设备工艺简单，加工规模小，几乎没有精深加工产品。牙买加有生产盐水切片面包果罐头，也少量生产面包果粉和脆片，但工厂化加工仍然处于初级阶段。面包果在世界范围内还属于小宗特色作物，在机械化水平、设施农业、废弃物利用等方面几乎没有查阅到相关的研究进展。

我国面包果主要在海南、台湾南部零星分布，其他地区的人们极少吃到，

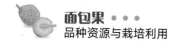

不但品尝不到面包果的味道，甚至连它的形状、样子也不曾见过。据记载，台湾地区的面包果栽培历史较早，在其东部花莲县的马太鞍，台东县的成广澳、马武窟等地，高达10米、干径在1.5米以上的老树就很多。1961年4月，中国科学院华南植物园专家曾在海南万宁兴隆华侨农场采集到面包果标本，采集号为17884号。兴隆的面包果，据华南亚热带作物科学研究所热带经济植物简录记载，20世纪60年代已开花结果，但由于分布范围窄，致使我国北方和东南一带很少有人知道面包果的，大家了解到面包果一般来源于《瓜果小品》《有趣的植物》《神奇的世界》《全球民俗趣谈》《果品与健康》等介绍世界奇特植物或趣谈题材的书籍。在论文发表方面，鲜有关于面包果的研究报道，仅有关于面包果开发前景和应用价值、引种试种及营养成分的初步研究等报道，可见当前对于面包果的研究尚未深入。由于是近年引进的作物，国内面包果病虫害的研究刚起步，经调查发现，国内危害菠萝蜜的一些病虫害，如果腐病、黄翅绢野螟和天牛等，也常危害同是波罗蜜属的面包果。如何有效地防治面包果病虫害是丰产稳产不可或缺的重要环节。今后应加大面包果种质资源收集保存和鉴定评价的力度，发掘优良品种并研发配套种苗繁育、矮化栽培技术，筛选出适应区域种植的优良品种（系），为进一步开发利用奠定品种资源和技术基础。

中国热带农业科学院香料饮料研究所是我国最早开展面包果研究的科研单位之一，自20世纪90年代开始从事面包果试种和种质资源保存的相关研究工作，已收集保存面包果种质资源50余份，其中无籽类型30余份，建立了面包果种质资源保存和试验基地超过2公顷，筛选出XYS系列（香饮所系列）面包果优良品系，配套研发出种苗繁育和栽培技术。进一步赴亚洲的印度尼西亚、越南、斯里兰卡，南太平洋地区的瓦努阿图、所罗门群岛、斐济、汤加、萨摩亚，非洲的科摩罗、桑给巴尔，中南美洲的哥斯达黎加、哥伦比亚等国家和地区开展面包果产业技术调研工作，为我国面包果产业发展奠定了一定基础。此外，对海南省万宁兴隆地区生产的面包果营养成分、应用价值和开发利用前景进行了研究和总结；开展了盐胁迫对面包果幼苗生长及光合荧光特性的影响研究，结果表明面包果较耐盐碱，为进一步开发岛屿岛礁农业奠定了资源基础。

第二章　面包果生物学特性

第一节　形态特征

面包果为常绿大乔木，通常高10～15米，具白色乳汁。树皮灰褐色，粗厚。抱茎的托叶长10～25厘米，披针形至宽披针形，短柔毛黄绿色或棕色，毛弯曲。托叶脱落后，在枝条上留下环状的托叶痕。叶大，互生，螺旋状排列；叶柄长8～12厘米；叶片卵形至卵状椭圆形，长40～80厘米、宽20～48厘米，厚革质，两面无毛，背面叶脉披短毛，叶面深绿色，有光泽，叶背淡绿色，边缘全缘，先端渐尖；侧脉约10对。成熟的叶片羽状浅裂或羽状深裂，裂片3～8，披针形，硬面包果叶片常羽状浅裂。中国热带农业科学院香料饮料研究所收集保存的面包果资源叶片形态多样，见图2-1、图2-2。花单性，雌雄同株，花序单生于叶腋。雄花序长圆筒形至长椭圆形，或棍棒状，长7～40厘米，黄色。雄花花被管状，被毛，上部2裂，裂片披针形，雄蕊1枚，花药椭圆形。雌花序圆筒形，长5～8厘米。雌花花被管状，子房卵圆形，花杜长，柱头2裂。雌雄花序见图2-3、图2-4。聚花果长椭圆形、椭圆形或近球状（图2-5至图2-7），绿色、黄色或棕色，横径（宽）8～15厘米，纵径（长）15～30厘米，表面具圆形瘤状突起；果皮软，内面为乳白色肉质花

图2-1　叶片形态（一）

被。果实内无种子或有种子，种子藏于果肉中。种子不规则扁圆形或椭圆形，长1～3厘米，浅棕色，有香味，煮食味如栗。

图2-2　叶片形态（二）

图2-3　雄花序

图2-4　雌花序

图2-5　长椭圆形果实

图2-6　椭圆形果实

图2-7　近圆形果实

第二节　开花结果习性

　　海南万宁兴隆地区的气候类型和面包果的原产地类似，属热带季风气候，具有典型的热带特征和优越的光热资源，无霜冻寒害，长夏无冬，年平均气温24.5℃，≥10℃积温约9 000℃，最冷月均温≥18℃，平均极端低温8.0～10.0℃，年降水量可达2 400毫米。水资源丰富。土壤类型为黄色砖红壤。万宁兴隆地区的面包果一般在春末夏初的4～5月开花，而在更南边的乐东黄流地区面包果常见有1～2月便观测到开花的。雌雄同株，花朵为单性花，花色淡黄。雌花丛集成圆球形，雄花集成穗状，雄花先开。有核品种经风或昆虫传粉，而无核品种果实的发育是单性结实。一般每个枝条顶部着生雄花序1个或无，雌花序1～3个，偶见4个以上，果实未成熟时外观为绿色（图2-8）。果实在夏秋季的7～9月成熟。圆球状雌花序成熟时就是可口的面包果。果实发育期一般为80～120天，水肥、光照条件充足的植株，也有70天左右成熟收获的。在同一株树上，每个果实成熟期也不一致，早开花则早成熟，迟开花则迟成熟。有些品种从4月起一直延续到9月花开不断，果实也就从7月至翌年1月陆续成熟。

图2-8　枝条上着生果实

　　面包果的结果部位集中在枝条顶部。种植在房前屋后土壤肥沃、光照良好、空间较大的成龄面包果树，生长茂盛，分枝多，侧枝、主枝强大，往往结果产量较高。一棵树每年可结果100～200个（图2-9）。

　　在果树分类中，面包果为常绿果树中聚复果类果树。果实为聚花果，椭圆形或球形，大小不一。在原产地，果实大的如足球，小的似柑橘，大果重达3～5千克。在兴隆地区，面包果成熟果实重可达3千克。当果实颜色为橙黄色时，表示已成熟，可采收，此时果肉呈白色，较适合煮食（图2-10）。

图2-10　成熟面包果

图2-9　结果植株

第三节　对环境条件的要求

面包果是典型的热带多年生常绿果树，生长发育地区仅限于热带、南亚热带地区，大约在北纬19°至南纬19°之间。生长条件受各种环境因素支配与制约，其中主要影响因素有地形、土壤和气候等。

一、地形条件

海拔高低影响气温、湿度和光照强度。每一种作物都需要有不同的生态条件。地势高度引起的因素变化也导致作物品种的多样性。对于面包果来说，在主产区一般分布在热带高温潮湿沿海地区，低海拔地区是较理想的种植地。受地形影响，海拔越高，日平均气温越低，在海平面常年气温在32℃左右，每升高100米，温度就会下降约0.6℃。面包果树可以适应较宽的海拔范围。在斯里兰卡，海拔600米的潮湿地区生势仍然正常，海拔1 200米地区也可生长和结果，但产量和品质有所下降。尽管如此，在原产地的巴布亚新几内亚地区，海拔1 500米的地方仍然有零星生长的面包果。

二、土壤条件

面包果是一种抗旱能力较差的果树，对土壤选择不严格。生长理想土壤是土质疏松、土层深厚肥沃、排水良好的轻沙土。在原产地和南太平洋的一些岛国，面包果树常分布在海边、河道两边、森林边缘，有些品种非常适应沙土、盐碱土，生长茁壮并结出果实。在海南，选择丘陵地区红壤地、黄土地或沙壤土地种植较适宜。

土壤pH在一定程度会影响土壤养分间的平衡。面包果适宜的土壤pH为6 ~ 7.5，相对耐盐碱。可用pH检测仪来检测土壤酸碱度。如果种植区的土壤pH在6以下（即酸性土），就要在土壤中增施生石灰，中和土壤酸度。海南省土壤多为弱酸性，一般定植时每公顷可同时撒施生石灰750千克左右。土壤水位高低至关重要。总之，要重视土壤酸碱度，只要上述主要条件得到满足，面包果就可以正常生长开花结果。

三、气候条件

影响面包果生长的气象因子有降水量、光照、温度、湿度、空气和风等。

面包果树生长过程需要充足水分，在年降水量1 000～3 500毫米地区都有生长，但以年降水量在1 200～2 500毫米且分布均匀者为好，相对湿度在60%～80%。水是植物进行光合作用的基本条件，还有维持对土壤肥料元素的吸收功能。结果树在气候干旱时常落果，雨水不足时就要浇水。种植面包果树最好选择有灌溉条件的地块，特别是考虑发展果品商品生产时。

面包果和其他作物一样需要阳光，但光照过强又会一定程度上影响其生长，幼苗忌强烈光照。当嫩叶抽生展开时，极易受到太阳灼烧，需要适当遮阴，保持20%～50%的遮阴度，有利于保护植株。但长期在过度荫蔽的环境中生长，由于光照不足，会导致植株直立、分枝少、树冠小、结果少、病虫害多。适当的光照对植株生长及开花结果更有利，成年树需要足够的阳光。因此，在栽植时种植密度要适宜，应留有适当的空间，以利于植株对光照的吸收。生产实践中发现，夏季干热的气候对面包果树生长影响很大，面包果叶片大型，蒸腾作用强，水分需求量大，此时灌溉不足，果园空气中相对湿度小，强烈的光照会让面包果叶片出现烧叶、焦叶的现象（图2-11）。

此外，上述各项气象因子中，温度、湿度和风在面包果生长中也起着重要作用。对于气温，面包果这种作物在温度15～40℃都能生长，宜选择年均温24℃以上、最冷月均温16～18℃、无霜的地区种植。资料记载在美国佛罗里达州的最南部也能引种种植，但未能产业化发展，原因是极端最低温度是决定面包果栽培界限的主要指标，也是发生寒害的决定性因素。在原产地，面包果在温度低于10℃时停止生长，5℃时便会受到寒害。在海南，有些年份会遭寒流的侵袭或霜冻，经验表明在气象百叶箱温度达到5℃时，外面的温度可能会更

图2-11　叶片灼烧现象

低，少数低地会出现凝霜，所以在海南中部山区和北部常常不能安全越冬，适应范围很窄。

根据实地调查、问询，1996年1月兴隆地区发生罕见的6～12℃低温危害，且持续时间长达半个月以上，致使当地种植的一些成龄面包果寒害严重，整株叶片脱落、大枝条、主干树皮受风面腐烂，导致树体衰弱直至整株干枯。

2008年1月24日至2月28日海南遭遇低温阴雨天气，气温低，持续时间长，全省平均气温14.3℃，兴隆月均温约14℃，绝对低温达到8℃，面包果中度寒害，整株叶片脱落，当年开花结果不正常。

2016年2月兴隆月均温为18℃，绝对低温为13℃。成龄面包果轻微寒害，嫩梢生长发育停止、干枯，叶片出现褐斑，但不影响生长。幼龄面包果枝条顶端生长点干枯，叶片脱落，但在气温回升后，4月恢复正常生长。同时期琼海大路镇1月均温14℃，绝对低温7～9℃，幼龄面包树虽经杂草覆盖，但地上部分60%～80%仍然干枯，寒害损伤较为严重。

2018年2月2日至9日，海南琼海地区温度在9～16℃，同时伴有阴雨天气，在香饮所琼海大路试验基地，1.5年树龄和2.5年树龄面包果受中等寒害，嫩枝顶端干枯，整株叶片出现大面积褐斑，生长受到抑制，叶片脱落，具体见图2-12、图2-13。在气温回升后，一直到6～8月才恢复正常生长。同时期，在海南海口地区的面包果植株寒害损失更严重一些。而在万宁兴隆地区，气温12～18℃，在香饮所高龙基地，1.5年树龄和2.5年树龄面包果未表现明显寒害症状，只是在叶片背面零星出现褐斑，生长未受明显影响。

图2-12 植株寒害症状（琼海市）

图2-13 嫩枝顶端干枯（琼海市）

　　2020年1月和2月的天气较常年暖，在香饮所琼海试验基地，3.5年树龄和4.5年树龄面包果的叶片呈褐色，正面、背面零星出现褐斑，植株生长未受影响。同时期，在香饮所万宁高龙基地，3.5年树龄和4.5年树龄面包果生长正常，叶片未有任何症状。具体见图2-14、图2-15。

　　2020年12月中旬至2021年1月底，海南遭遇多年不遇的寒害，北部和中部山区罕见5～10℃低温危害，持续时间长达2周左右，致使琼海大路镇当地种植的成龄面包果寒害严重，整株叶片脱落，大枝条、主干树皮腐烂，导致树体干枯，只剩下主干和主枝条，树体衰弱（图2-16）。同时期的万宁兴隆地区，温度在8～18℃区间，也出现整株60%～70%叶片脱落，顶部枝条腐烂（图2-17），随天气转暖，植株在3月底开始抽生枝条，长势恢复。而在乐东地区，寒害轻微，仅出现叶片背面零星的褐斑，生长结果并未受到影响。

　　在海南，有些年份会遭寒流的侵袭或霜冻，所以在海南中部山区和北部常常不能安全越冬，面包果是典型热带果树，适应范围很窄，适宜的商品化生产优势区需进一步生产种植区域试验验证。

图2-14　琼海试验基地

图2-15　万宁高龙基地

图2-16　面包果寒害（琼海大路）　　　图2-17　面包果寒害（万宁兴隆）

面包果树高叶大，茎枝易风折，大风或强风会使面包果叶片大量掉落，在风力8～9级、阵风11级时发现风折枝干或主干折断（图2-18）。如果风大时刚好是结果期，结果的枝条负重更大，极易折断（图2-19）。在原产地的南太平洋海岛地区，面包果是当地的主要粮食作物，曾遭遇台风毁灭性的影响。例如，1990年萨摩亚的面包果受台风影响，作物几乎全被破坏，50%～90%的成龄树被吹倒；2012年萨摩亚遭遇台风，整个面包果种植业全被摧毁，损失惨重；台风也导致斐济的面包果种植面积减少。同样，在面包果主要产区加勒比海地区，飓风也造成面包果种植面积大量减少。在20世纪80年代，牙买加50%的面包果被吹倒或被风暴损坏。随着全球气候不断变暖，台风风暴将严重影响整个太平洋和加勒比海等岛国地区面包果种植业。2016年7月和10月，台风"银河"和"莎莉嘉"分别在海南省万宁市东澳镇和万宁市和乐镇登陆，处于零星种植的面包果，20%植株出现稍微倾斜，80%植株出现主枝折断，树上的果实掉果率达40%以上，损失严重。需建立一套适用的矮化栽培技术措施，还需考虑营造防风林带。每年7～10月为海南台风较为密集的时期，此时期应在台风预报前快速进行修剪，将过密枝条剪除，并适当矮化植株，缩小冠幅，降低风害。

图2-18　台风折断面包果主干　　　　图2-19　阵风折断结果枝条

　　据调查及资料记载，自20世纪50年代开始，东南亚华侨开始从国外引进面包果种植，1962年万宁兴隆引种的面包果无籽类型已开花结果，这也是兴隆地区目前现存最大的一株面包果树，虽缺乏正常的栽培施肥管理，植株长势稍弱，但还在正常开花结果，平均每年结果近50千克。此外，兴隆农场的华侨人家喜好在房前屋后种植面包果树，原因是其生长快，枝叶茂盛，既是庭院绿化的好树种，又能提供粮食。一般植后7～8年开始结果，个别植株4～5年就开始零星结果，一些年份出现一年四季花开不断，产量可达150个以上。这些零星种植的面包果树，因为离住宅较近，在寒害严重的年份，生长并未受到明显影响。

　　经过60多年的引种观察，以及香料饮料研究所选育的面包果品系近年在海南万宁兴隆地区小规模生产性试种发现，面包果能在兴隆当地正常开花结果，筛选的优良品系在良好栽培管理下，2.5年可零星开花结果，3.5年可实现全面开花结果，较好地适应当地气候条件，并能达到较高产量，且果实大小及单果重不亚于原产地，面包果取得小面积试种成功。在乐东黄流地区引种试种，也获得成功。因此，可扩大面包果在海南省内试种范围，确定最佳自然生态条件和优势区域，为下一步推广奠定基础。

第三章　面包果分类及其主要品种

第一节　分　　类

　　面包果按果实有无种子，分为有核型面包果和无核型面包果两类。有核型面包果，通称硬面包果或面包坚果。其叶大型，有种子，具有浓郁的热带风情，常见于园林绿化栽培。目前，根据我国收集保存的资源，本书把有核型面包果分为硬面包果Ⅰ型和硬面包果Ⅱ型。我国福建、广东、广西、云南、海南、台湾等地常见栽培的大都是硬面包果Ⅰ型，植株、花序、果实和种子等具体见图3-1至图3-5。另一种硬面包果类型，果实含有硬质的白色果肉，内有

图3-1　硬面包果Ⅰ型植株（园林观赏）

少许种子。这类是近年从国外新引进的资源，保存于资源圃，较为少见，本书
称其为硬面包果Ⅱ型。香料饮料研究所保存有果实近圆形、椭圆形的硬面包果
Ⅱ型品种资源，见图3-6至图3-9。无核型面包果，通称面包果，无种子，树
形较矮，见图3-10至图3-12。硬面包果Ⅱ型和无核型面包果，都有大部分可
食用的白色果肉，富含淀粉，味如面包。无核种类在海南万宁兴隆常见。

根据笔者对国内面包果资源的考察，结合叶片形态、花序及果实结构等
形态特征的观测，国内大部分植物园、研究单位收集保存的硬面包果大多为
硬面包果Ⅰ型，而国外文献常描述的硬面包果大多为硬面包果Ⅱ型。据初步判
断，这两种硬面包果属于不同种类。面包果非我国原产，收集保存种质资源有
限，以致一些植物园、农业和林业科研单位的科研人员对面包果了解甚少，甚
至一些专业的植物志中对面包果的描述也大都来自查询的资料，大家对其形态
分类知之甚少。

图3-3　硬面包果Ⅰ型果实（有核）

图3-2　硬面包果Ⅰ型 雌雄花序

图3-4　硬面包果Ⅰ型果实纵切面

图3-5　硬面包果Ⅰ型种子

　　本书使用的面包果学名为*Artocarpus altilis*（Parkinson）Fosberg，引用文献为*Artocarpus altilis* (Parkins.) Fosberg in Journ. Voy. Wash. Acad. Sci. 31: 95. 1941；Synonyms of *A. altilis* are: *Sitodium altile* (Banks et Solander) Parkins in Journ. Voy. Endeav. 45. 1773；*Artocarpus communis* J. R. et J. G. A. Forster, Char.gen. pl.101.1775；*Artocarpus incisa* L. f., Suppl. 411.1781。其一是为了便于和世界同行交流，其二是因为国内专业标本馆收集保存面包果标本有限，特别是有花、有果的面包果

标本，植物分类学者对面包果学名持有不同意见。在1998年版的《中国植物志》中，面包树采纳的学名为 *Artocarpus incisa* (Thunb.) Linn.；而2003年出版的《中国植物志》英文版则采纳的面包树学名为 *Artocarpus communis* J.R.Forster & G. Forster，其中 *Artocarpus altilis*、*Artocarpus incisus*、*Sitodium altile* Parkinson 作为异名处理。台湾是我国较早引进面包果资源的地区，在1976年出版的第一版台湾植物志第2卷中，面包树采纳的学名为 *Artocarpus altilis*，而1996年第二版台湾植物志采纳的学名又更正 *Artocarpus incisa*，2010年经赵荣台和Han Lee修订后面包果学名为 *Artocarpus altilis*，其中 *Artocarpus communis*、*Artocarpus incisus* 和 *Sitodium altile* 为异名。此外，笔者查阅国际主流期刊发表的有关面包果论文，出版的书籍普遍使用的学名仍然为 *Artocarpus altilis*，同时经中国科学院植物研究所中国植物物种信息系统——iPlant.cn植物智网站链接的国际上主要的植物分类网站，包括植物名录（the plant list）、国际植物名称检索[International Plant Names Index (IPNI)]、英国皇家植物园邱园的世界植物名录（kew science-plants of the world）、美国密苏里植物园（Missouri Botanical Garden）的Tropicos.org等网站，面包果普遍接受的学名为 *Artocarpus altilis*，而 *Artocarpus communis* 是作为异名处理，其中采纳的是1941年发表在 *J. Washington Acad. Sci.* 上的文献。

 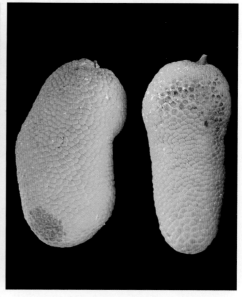

图3-6　硬面包果Ⅱ型果实（近圆形）　　图3-7　硬面包果Ⅱ型果实（椭圆形）

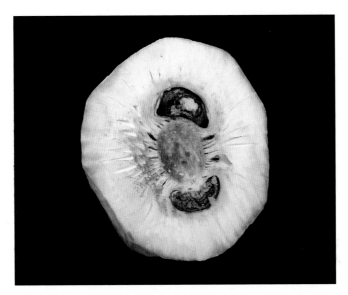

图3-8　硬面包果Ⅱ型果实横切面

图3-9　硬面包果Ⅱ型种子

图3-10 面包果果实（无核型）

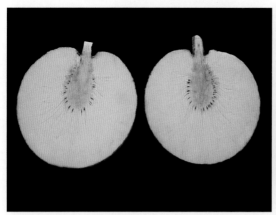

图3-11 面包果果实纵切面（无核型）

图3-12 面包果果实横切面（无核型）

第二节　主要品种

国内少有关于面包果品种资源的研究报道。根据笔者调查，在我国海南省琼海市以北区域种植的大多为硬面包果，有些公园或城市把硬面包果作为优良的绿化树种或行道树。香料饮料研究所经过鉴定评价、培育的面包果品种（系），每年正常生长发育，开花结果，并达到较高的产量，每株一季可结果60～100个。兴隆华侨农场的归侨也零星从国外引进一些面包果优异资源，定植于房前屋后，具体品种名称有待进一步确认。

在国外，美国夏威夷国家热带植物园的面包果研究所从事面包果资源研究较早，建有世界上最大和资源量最丰富的面包果资源保存圃。该研究所从汤加、纽埃岛、美属萨摩亚、巴布亚新几内亚、瓦努阿图等太平洋群岛地区，以及塞舌尔、菲律宾和印度尼西亚等地收集保存了120个品种共220多份面包果种质资源；斐济的农业科研单位也收集了近百份面包果种质资源（图3-13、图3-14）；瓦努阿图农业技术推广中心建立了面包果资源保存基地，收集保存了69个面包果品种，这为面包果品种选育奠定了坚实的基础（图3-15）。

图3-13　面包果种质资源保存基地（斐济）

图3-14　面包果种质资源标准化保存（斐济）

图3-15　面包果种质资源保存基地（瓦努阿图）

　　南太平洋农业委员会公布的一项面包果调查研究结果显示，根据叶形及裂片、果实颜色、果实形状、果实质地和保存期等性状把面包果的品种分为不同类型。下面简要介绍一些国外收集的优良品种以及香料饮料研究所选育的优异种质、品系。

　　1. Afara　来源于法属波利尼西亚，在太平洋地区广泛种植，澳大利亚、佛罗里达和加勒比海地区也有分布。树高可达10米。叶片羽状中等分裂，叶长40厘米、宽31厘米，裂片3～5。果实椭圆形至圆形，成熟果实桃红色或橙棕色，长10～15厘米、宽12～16厘米，重1千克，无种子或者零星1～2个种子，果实成熟期从7月至翌年1月。品质优，质地硬，适合加工。定植3年左右可以结果。

　　2. Hamoa　来源于法属波利尼西亚，在萨摩亚、汤加、库克群岛和斐济都有广泛种植。叶片羽状深裂。果实椭圆形至宽卵形，长16～22厘米、宽16～18厘米，重2.5千克，无核。果实成熟期从5月至翌年1月，果肉烹调后细致质硬。是加工果干脆片最好的品种之一。萨摩亚国家农业渔业部自2003年就不断出口该品种到新西兰。

　　3. Puou　在南太平洋地区常见和大量推广种植品种，澳大利亚、佛罗里达和加勒海比地区也有分布。树高一般小于10米，树冠浓密。叶大型，钝尖羽状浅裂，裂片4～6。果实圆形或心形，长15～22厘米、宽14～19厘米，重2千克，无种子或者零星1～2个种子，烹调后无需去皮。四季开花结果。

　　4. Buco Ni Viti　叶片羽状中裂。果实长椭圆形，长28～35厘米、宽15～18厘米，种子退化，无核。南太平洋岛国地区最好品种之一。

　　5. Balekana Ni Samoa　叶片羽状深裂，叶基形状多变。果实圆形，直径10～12厘米，种子稀疏。萨摩亚最好的品种。

　　6. Uto Wa　叶片羽状深裂，叶基形状多变。果实椭圆形，长15～19厘米、宽12.5～14厘米，无核。南太平洋岛国地区推荐种植的品种。

7. XYS-1号　树高一般15米，树冠浓密。叶大型，羽状深裂，裂片常4～5。果实圆形或长椭圆形，长16～19厘米、宽13～16厘米，一般重1.5～1.8千克，最重的可达3千克，无核。每年4～5月开始开花，果实成熟期长，从8月开始，一直到11月底都有果实陆续成熟，单株年结果量可达近百个。从种苗定植开始，在万宁兴隆3～4年可开花结果，在乐东黄流2～3年可开花结果。首次结果的果实一般较小，长12～13厘米、宽11～12厘米，重0.8千克左右。首次结果后，随着植株长势增强，树体增大，4～5年树龄的植株，一般冠幅在5米，树干粗15～18厘米，果实平均长17厘米、宽16厘米，重1.5～2.0千克，7～9年可进入盛产期。植株区域生长情况及果实见图3-16至图3-21。

图3-16　XYS-1号叶片

图3-17　XYS-1号果实

图3-18　XYS-1号成熟果实

图3-19　30月树龄XYS-1号植株（海南万宁）

图3-20　4年树龄 XYS-1 号植株
（海南万宁）

图3-21　4年树龄XYS-1号植株（海南乐东）

8. XYS-2号　树高15米左右，树冠浓密。叶大型，羽状深裂，裂片4～6。果实椭圆形至长椭圆形，幼果果皮上有肉瘤状突起，成熟时一般长17厘米、宽13厘米，重1.2～1.5千克，无核。从种苗定植开始，在万宁兴隆地区3～4年可开花结果。一般每年4～5月开始开花，8～10月陆续有果实成熟，成熟时果面突起变钝平。盛产期单株年结果量50个以上。见图3-22至图3-26。

图3-22　XYS-2号叶片

图3-23　XYS-2号幼果

图3-24　XYS-2号成熟果实

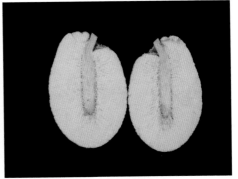

图3-25　XYS-2号成熟果实纵切面

图3-26　XYS-2号植株

图3-27　XYS-3号叶片

9. XYS-3号　树高15～20米，树冠浓密。叶大型，羽状深裂，裂片4～6。果实圆形或长椭圆形，长13～15厘米、宽10～12厘米，重1.0～1.2千克，无核。1年开花结果可达2次，果实成熟期为6～8月及11月至翌年1月，单株年结果量可达60～80个。见图3-27至图3-29。

图3-28　XYS-3号果实

图 3-29　XYS-3 号植株

10. XYS-10号　树体一般高6～10米，树冠浓密。叶大型，羽状中裂，裂片常4～5。果实圆形或长椭圆形，表皮平钝光滑，一般果实长14～15厘米、宽11～12厘米，重1.5千克，无核或偶见零星种子，果柄较长12～15厘米。在万宁兴隆地区定植3～4年可开花结果，每年5～6月开始开花，果实成熟期9～10月。一些年份冬春季节遭遇低温，经大田观察，该品种资源耐寒性较好，同地区生产种植的其他品种在遭遇低温时出现叶片出现大面积寒害症状，叶变成褐色、枝条干枯时，同时期XYS-10号面包果植株和叶片未受明显影响，当年正常开花结果。见图3-30至图3-34。

图3-30　XYS-10号叶片

图3-31　XYS-10号幼果

图3-32　XYS-10号成熟果实

图 3-33　XYS-10 号植株

图 3-34　XYS-10 号植株（右）遭遇低温未现寒害症状

11. XYS-12号　树高6～10米，树冠浓密。叶大型，羽状深裂，裂片常4～5。果实圆形或长椭圆形，长14～16厘米、宽13～14厘米，重1.5～2千克，无核。在万宁兴隆地区定植3～4年可开花结果，每年5～6月开始开花，果实成熟期9～10月，一直到11月底还有果实陆续成熟。见图3-35至图3-37。

图3-35　XYS-12号叶片

图3-36　XYS-12号果实

图3-37　XYS-12号植株

12. XYS-16号　树高6～8米，树冠稀疏。叶大型，羽状中裂，裂片常4～5。果实圆形或椭圆形，长12～14厘米、宽11～13厘米，重1.0～1.5千克，无核。在万宁兴隆地区定植22个月可首次观测到开花结果，这是目前品种比较试验中早结性状最好的品种资源之一。每年5～6月开始开花，果实成熟期9～10月。见图3-38至图3-41。

图3-38　XYS-16号叶片

图3-40　XYS-16号成熟果实

图3-39　XYS-16号雄花序和幼果

图3-41　XYS-16号植株

13. XYS-18号　树高6～8米，树冠浓密。叶大型，羽状中裂，裂片常5～6。果实圆形或近圆形，长12～13厘米、宽11～12厘米，重1.0～1.5千克，无核。在万宁兴隆地区定植3～4年可开花结果，每年5～6月开始开花，果实成熟期9～10月。见图3-42至图3-44。

图3-42　XYS-18号叶片

图3-43　XYS-18号果实

图3-44　XYS-18号植株

14. XYS-19号　树高6～10米，树冠浓密。叶大型，羽状深裂，裂片常5～6。果实椭圆形或长椭圆形，长14～16厘米、宽10～12厘米，重1.0～1.5千克，无核。在万宁兴隆地区定植3～4年可开花结果，每年5～6月开始开花，果实成熟期9～10月。见图3-45至图3-47。

图3-45　XYS-19号叶片

图3-46　XYS-19号雄花序和幼果

图3-47   XYS-19号植株

第三节　种植区划

热带作物的商品生产必须充分发挥地区资源优势，因地制宜发展有地区特色、竞争力强、优质的商品，才能取得最佳的效益。这就需要了解气候区划、热带果树分类等。面包果作为我国引进作物，需要先经过试验，才能作为推广品种直接生产或作为育种材料间接利用。这种通过人为引种和培育，使外地作物成为本地作物的措施和过程，称为引种驯化。作物的引种驯化必须遵循作物"生态型"原则，同时紧密结合"气候相似论""生态相似论"以及生态学、植物地理学等的应用。引种驯化能否成功，主要取决于原产地气候条件中的温度、降水量等因素与引种地的差异大小，即气候相似性的大小。差异大，相似性小，难以引种驯化成功；差异小，相似性大，则易于引种驯化成功。

一、典型热带果树

热带果树可分为一般热带果树和典型热带果树两类。一般热带果树虽原产于热带，但对低温忍耐能力较强，在稍温凉的南亚热带也能正常生长和开花结果，如芒果、香蕉、菠萝、菠萝蜜、尖蜜拉、番木瓜等。典型热带果树则对低温抗性较弱，即使在北热带也难以生存，一般在15℃停止生长，10℃以下出现寒害，5℃以下出现严重寒害，如面包果、榴莲、山竹、红毛丹、腰果、可可等。可见，面包果为典型热带果树，在北热带（边缘热带）地区不宜发展。

二、中国海南省气候区划

根据周年气温的高低，热带地区可细分为边缘热带（北热带）、中热带和赤道热带。海南岛本岛属于边缘热带地区和中热带地区，三沙则属于赤道热带地区。车秀芬等根据海南省18个气象站1981—2010年的逐日气温、降水、日照等气象数据（表3-1），采用温度带、干湿区和气候区三级指标体系（表3-2），进行海南岛气候新区划，边缘热带和中热带交界处大概为：西起昌江与儋州交界处，大致沿东方、乐东、三亚、陵水各市县的北部边缘，东至万宁市中部地区。该线以南为中热带地区，以北为边缘热带地区。但海南岛的中部山区，如五指山乡、尖峰岭天池等，由于垂直高度的影响，细分属于南亚热带地区。

表3-1　海南省气候指标

市　县	年平均温度（℃）	年极端最低气温平均值（℃）	年平均降水量（毫米）	1月平均气温（℃）	7月平均气温（℃）	日均温≥10℃积温（℃）	年平均湿度（％）	年日照时数（小时）
海口	24.8	8.7	1 646	18.4	29.1	9 048	82	1 878
定安	24.4	8.1	1 993	18.2	28.8	8 912	84	1 824
澄迈	24.0	6.6	1 801	17.9	28.5	8 773	85	1 835
临高	24.0	7.2	1 476	17.6	28.7	8 769	84	2 049
儋州	23.8	7.4	1 857	17.9	27.9	8 683	82	1 979
琼海	24.6	9.1	2 054	18.8	28.6	8 995	84	1 971
文昌	24.4	8.0	1 975	18.5	28.5	8 897	86	1 923
万宁	25.0	10.2	2 070	19.5	28.8	9 133	84	2 051
兴隆	25.5	10.5	2 400	19.8	28.8	9 200	86	2 150
屯昌	24.0	7.5	2 080	18.0	28.2	8 773	83	1 947
白沙	23.5	5.8	1 948	17.8	27.4	8 565	84	2 052
琼中	23.1	6.1	2 388	17.4	27.0	8 438	85	1 888
昌江	24.9	9.3	1 693	19.4	28.7	9 088	77	2 160
东方	25.2	10.0	941	19.3	29.5	9 221	79	2 551
乐东	24.7	9.0	1 634	20.1	27.6	9 030	79	2 029
五指山	23.1	6.3	1 870	18.4	26.2	8 459	83	2 019
保亭	24.8	8.6	2 163	20.2	27.6	9 049	82	1 755
陵水	25.4	11.5	1 718	20.6	28.4	9 261	80	2 255
三亚	26.3	12.8	1 561	22.3	28.8	9 614	78	2 300
三沙	27.0	16.5	1 474	23.5	29.1	9 861	81	2 740

　　注：引自车秀芬"海南岛气候区划研究"，2014年；兴隆气候资料来自香料饮料研究所生态气候站；三沙气候资料来自三沙气候站。

表3-2　划分温度带的指标

指　标	主要指标	辅助指标	参考指标
温度带	日均温≥10℃积温（℃）	1月均温（℃）	年极端低温均值（℃）
边缘热带	>8 000～9 000	>15～18	>5～8
中热带	>9 000～10 000	>18～24	>8～20
赤道热带	>10 000	>24	>20

注：引自车秀芬"海南岛气候区划研究"，2014年。

就当前海南省气候带划分，结合《中国热带作物栽培学》中我国南部地区热带作物种植区划，以及国内保存的面包果品种资源及初步的品种小面积生产试验，面包果在海南岛推荐种植区域主要为琼南的丘陵台地地区，包括东方、昌江、乐东、三亚、保亭、陵水和万宁等市县。该地区年平均气温24.5～28℃，极端最低气温≥10℃，最冷月平均气温≥18℃，年降水量1 000～2 500毫米，气温高、热量大、光照足，≥10℃积温大于8 800℃，一般无冬春季低温阴雨天气影响或影响不大，土壤条件好，大多为低矮丘陵，易成片开发，是适宜面包果产业发展的优势区域。在该区发展面包果种植，可做到产业在国内人无我有，突出海南热带地域特色，创地区品牌。但该区处于台风高发区，受台风危害的风险较大，在规划种植时需加强配套的矮化抗风栽培技术及台风防范技术研发与推广应用，促进产业的发展。

另外，海南省三沙市岛礁气候条件适合面包果生长，但需对耐盐生长进行适应性评价。根据联合国粮食及农业组织（FAO）数据统计，面包果中有些品种资源非常适应沙土和盐碱土，可适当推广到三沙市岛礁岛屿种植。

三、世界种植分布区

目前，面包果广泛分布于大洋洲、拉丁美洲、东南亚和非洲的近90个国家和地区，主要在北纬19°至南纬19°的赤道附近地区，其中我国的海南、广东、云南、福建、广西和台湾的热带地区都有面包果的引种种植，但无核面包果类型只有海南省万宁市兴隆常见零星的房前屋后种植，当前在万宁市兴隆、琼海市大路镇、乐东县黄流镇开始适度推广及生产性种植。

Chapter 4

第四章　面包果种苗繁育技术

优良种苗是面包果生产的物质基础，种苗的生产能力和状况在一定程度上决定了面包果生产的进程和方向，必须有足够数量的优质苗木才能保证面包果产业的顺利发展。

面包果的繁殖方法包括有性繁殖与无性繁殖。

第一节　有性繁殖

有性繁殖又称播种繁殖，是面包果育苗中最基础的繁殖方法。无论是培育实生苗木或嫁接砧木，都要通过播种育苗这个有性繁殖过程。其特点是有强大的根系，可塑性、适应性、抗逆性强。此法简单易行，能在较短时间繁育大量苗木。原产地居民多采用此法繁殖苗木。但其所生产的苗木遗传因素复杂，变异性大，植后难保其有母本的优良性状，故大面积商业生产一般不用。硬面包果一般采取此种繁殖方式。播种育苗步骤如下。

一、选种

一般从长势旺的母树采果，挑选发育饱满的果实，从果实中再选择饱满、充实的种子。一般种子至少1厘米长。选择这类种子育苗，往往播种后生长快，长势强。不宜选用发育不饱满、畸形的种子进行播种育苗。

二、育苗

硬面包果种子寿命短，一般能维持活力2周左右，应随采随播。自果实中取出种子后，洗去种子外层甜的果肉，阴干备用。育苗时，种子可直接播入育苗袋中，覆土盖过种子约1.5厘米，用花洒桶淋透水，并遮盖50%遮阳网或置于树荫下，之后保持土壤湿润。种苗的管理与一般果树基本相同。当种苗高达

30 ～ 50厘米，即可出圃定植或作为砧木嫁接育苗用。

育苗土以肥沃的表土与充分腐熟的有机肥按8 ∶ 2的比例配备，再加适量椰糠混合即可。

第二节　无性繁殖

无性繁殖又称营养繁殖，一般指利用植物的营养器官（如枝、芽或根）繁殖种苗，包括分生（根蘖）、扦插、嫁接、压条、组织培养等。此法繁殖的苗木遗传因素单一，能保持母树的优良性状（如高产、优质、抗性强等性状）。目前大规模商业生产主要用无性繁殖方法培育良种苗木。

一、根蘖繁殖

植物主根垂直向下生长，主根上的水平根（侧根）能产生不定芽（根出芽），这些芽到达地面后形成地上枝条，并向下产生垂向根，这种无性繁殖的方式称作根蘖繁殖。根系中具有产生不定芽并出土形成地上分枝能力的部分称作萌蘖根，其上产生的不定芽称为萌蘖芽或根蘖芽，产生不定芽的部位称为萌蘖节或根蘖节。

面包果分生根蘖能力的大小，与植株年龄及立地条件有关。一般立地条件好、水肥管理充足的植株进入盛产期后，分生根蘖能力较强，每年能从靠近地表的根部自然萌发3 ～ 5株苗。靠自然根蘖繁殖苗木数量有限，此法仅在民间零星使用。

在原产地南太平洋的岛国地区，当地居民常锄伤或刺伤生长在地面或近地面的面包果根系，刺激诱生不定芽，一般经过3 ～ 4周，萌蘖根上能够产生根蘖芽的部位迅速膨大（图4-1），分化出的不定芽把根表皮撑裂，露出2 ～ 6个白色肉质半球形芽体并抽出小苗（图4-2），出土的根蘖幼苗生长相对迅速，从锄伤近地面的根开始7 ～ 8周，植株可长到10 ～ 20厘米高，待植株长到30 ～ 50厘米高（图4-3），并生有自己的根系时，便可剪断根和植株（图4-4）。装袋培育或置于沙床培育，避免损伤新长根系，栽培或装袋的基质需透气，可用河沙＋椰糠（1 ∶ 1）或珍珠岩＋泥炭（1 ∶ 1），保持土壤透气和空气湿润，适当遮阴，1 ～ 2个月后，袋苗便可定植。

根插的繁殖办法也较常见，一般选择优良品种的成龄树，采集接近地

图4-1　根蘖芽膨大

图4-2　白色肉质芽体

图4-3　根蘖幼苗

图4-4　剪断根苗

表的根系，将根段斜插到苗床上，表面覆盖1厘米厚的细椰糠，并使用多菌灵500倍液喷淋苗床1次，根的上部2 ~ 3厘米暴露在空气中，在苗床上搭高50 ~ 80厘米高的塑料薄膜拱棚并在顶部设置遮阳网盖顶，定期浇水保持苗床湿度在80%以上，以保证根蘖苗能形成良好的株形。当苗高30 ~ 50厘米、根系良好时，就可装盆移栽。

二、扦插繁殖

生产中，面包果常采取枝条扦插繁殖方法。扦插繁殖即取植株营养器官

的一部分，一般是植株的枝条，插入疏松湿润的基质中，利用其再生能力，使之生根长枝，成为新的植株。其操作是在优良母树上，树冠外围或主枝上截取1～2年生、1～2厘米粗的半木质化枝条或插穗，要求枝条发育健壮、芽体饱满、生长旺盛、无病虫害等。将所采枝条剪成20～40厘米长的插条，下切口斜剪，切口平滑无破裂，注意保持插条的极性，插条总是极性上端发芽，极性下端长根，不能倒置。修剪好的插条先在清水中清洗5分钟。然后以50根为一捆，浸泡在浓度为100毫克/升的ABT生根粉、GGR药液或100毫克/升的萘乙酸中，浸泡基部深3～4厘米，时间为2小时以上。

将处理好的插条以45°～60°角度斜插于沙床（图4-5）。扦插前使用500倍多菌灵溶液喷淋苗床，插条深度以插条总长度的1/4～1/3为宜，较短小插穗的扦插深度宜深不宜浅，插穗的密度以插穗叶面不重叠为度，扦插完后立即将苗床浇透水一次。同时，在苗床上搭50～80厘米高的塑料薄膜拱棚并设置遮阳网盖顶，定期浇水保持苗床湿度在80%以上，并通风降温控制拱棚内温度在23～30℃。建议采用间歇喷雾技术，能使空气相对湿度保持在90%以上，大大提高扦插成活率。扦插时间选在上午8:00～10:00或下午4:00以后，这样能避开夏季日光的灼射。经过2～3个月，80%茎段可抽芽和生根，抽芽茎段装袋炼苗后出圃（图4-6）。

图4-5　沙床扦插育苗

　　或将处理好的插条直接插于育苗袋中，此时装袋的基质需透气，可用河沙+细椰糠+泥炭（3：1：1），保持土壤透气和空气湿润，适当遮阴，2～3个月后，袋苗便可抽芽和生根（图4-7）。该法简单，但是需要装袋的基质疏松且富含有机质。

图4-6　装袋炼苗后的扦插苗

图4-7　育苗袋扦插育苗

三、嫁接繁殖

　　嫁接属无性繁殖的一种。嫁接繁殖接穗采自成龄树，嫁接种苗比实生苗具有早结性，可缩短果树的营养生长期，提早结果。嫁接种苗既可保存母本的优良性状，也可利用砧木强大的根系。通常砧木具有抗寒、抗旱、抗病、耐盐碱等特性，利用砧木对接穗的生理影响，提高接穗品种的抗逆能力，使植株生长健壮，结果多，寿命长。此外，面包果植株大型，如能筛选到矮化砧木或特殊的砧木，可改变株形，调节生长势，使苗木矮化，抑制地上部分营养生长，促进花芽的形成和果实的发育，起到早结果、丰产作用。

　　1.采接穗　接穗取自结果3年以上的高产优质母树，选当年生木质化或半木质化、生长充实的枝条，选树冠外围，以枝粗1.5～2.5厘米、表皮黄褐色、芽眼饱满者为好（图4-8）。接穗生活力的高低也是嫁接成活的关键，生活力保

持越好，成活率越高。

2.选砧木　以主干直立、茎粗1.5～2.5厘米、叶片正常、生势壮旺、无病虫害的硬面包果种子苗或菠萝蜜种子苗作砧木，砧木苗宜为袋径20厘米以上的袋装苗。一般来说砧木和接穗间必备一定的亲和力才能嫁接成活，亲和力越强，嫁接成活的概率越大；嫁接亲和力主要由砧木和接穗亲缘关系决定，亲缘关系越近，其亲和力越强，亲缘关系越远，其亲和力越弱。

图4-8　面包果接穗

3.嫁接时期　在海南以4～10月为芽接适期。此时气温较高，树液流通，接穗与砧木均易剥皮，但雨天和干热天气时不宜嫁接。温度过高，蒸发量大，切口易失水，处理不当，嫁接不易成活；温度过低，形成层代谢弱，愈合时间过长，嫁接不易成活。

4.嫁接操作　面包果补片芽接法嫁接操作步骤见图4-9。

（1）排乳汁　面包果树液（乳胶）如同属果树菠萝蜜一样，往往会因为开口流胶而窒息伤口细胞呼吸、妨碍愈伤组织的形成而降低嫁接成活率。因此在嫁接前需先排乳汁。在砧木离地面10～20厘米的茎段选一光滑处开芽接位，在芽接位上方先横切一刀，深达木质部，让树上的乳汁流出，可在芽接的苗上一连切10株砧木排胶。

（2）开芽接位　用湿布揩干排出的乳汁，在排胶线下开一个宽1.5～2厘米、长3～4厘米的长方形，深达木质部，从上面用刀尖挑开树皮，拉下1/3，如易剥皮，则削芽片。

（3）削芽片　选用充实饱满的叶片，在芽眼上下1.0～1.5厘米的地方横切一刀，再在芽眼左右竖切一刀，深达木质部，小心取出芽片，芽片须完好无损，略小于芽接口。不剥伤芽片是芽接成功的关键。

（4）接合　剥开接口的树皮，放入芽片，芽片比接口小0.1厘米，切去砧木片约3/4，留少许砧木片卡住芽片，以利捆绑操作，芽接口应完好无损。

（5）捆绑　用厚0.01毫米、宽约2厘米、韧性好的透明薄膜带自下而上一圈一圈缠紧，圈与圈之间重叠1/3左右，最后在接口上方打结。绑扎紧密也是嫁接成功的关键之一。

（6）解绑与剪砧　嫁接25～30天后，如芽片保持青绿色，接口愈合良好，即可解绑。解绑后1周左右芽片仍青绿，可在接口上方10～15厘米处剪砧。此后注意检查，随时抹除砧木自身的萌芽，使接穗芽健康成长。

目前在兴隆香料饮料研究所，笔者采用以硬面包果和菠萝蜜为砧木、面包果为接穗的前期芽接试验中，补片芽接成功率可达70%以上，生长良好（图4-10、图4-11）。芽接苗定植，经选育优良的品种定植3～4年，实现首次开花结果。

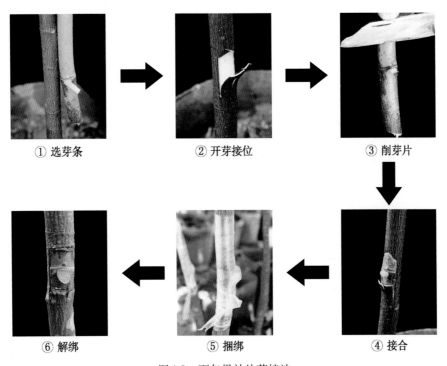

① 选芽条　　② 开芽接位　　③ 削芽片

⑥ 解绑　　⑤ 捆绑　　④ 接合

图4-9　面包果补片芽接法

图4-10　嫁接苗解绑后两周　　　　图4-11　嫁接苗

四、空中压条（圈枝）繁殖

采用空中压条（圈枝）也是无性繁殖的一种。将树体上要繁殖的枝条基部适当处理后，包埋于生根介质中，在其生根后再从母体剪离成为独立、完整的新植株。目前此法在国外生产上也采用。其优点是不脱离母株条件下促进其生根，植株矮化易成形、方便管理，可提早结果，一般3年左右即可结果，保持了母株的优良特性；缺点是繁殖量少，植株无主根，树体抗风力稍弱，向背风面倾斜。

具体操作方法如下。在海南以3～5月开春季节为佳。选择优良的品种，以生长健康、直立，直径2～5厘米粗的半木质化枝条，在离枝端30～50厘米处，环状剥皮长约3厘米，先用刀背在剥口轻刮，刮净剥口残留的形成层，有时可让剥皮的枝条晾晒1天，切口用0.1%吲哚丁酸处理，在海南常用的包扎基质为椰糠、苔藓等，湿度以手捏刚出水滴为度，再用塑料带以环剥口为中心包扎绑实，捆绑扎紧也是圈枝成功的关键之一（图4-12）。在国外，最后在伤口处加上一层锡箔纸，让其处于暗处，促进愈伤组织生长和提早生根。2～3个月后，压条生根，当根系变成黄褐色时（图4-13），从根系下端截下假植，假植以肥沃疏松的土壤为佳，并遮盖50%遮阳网或置于树荫下，去除部分的叶和枝条，避免失水干枯。

图4-12　圈枝育苗　　　　　　　图4-13　圈枝育苗生根

　　一般来说，圈枝育苗规模化繁育较少，但笔者在生产中发现，圈枝苗起到天然矮化植株的作用且方便生产管理，1.5年生的面包果树圈枝苗高约2米（图4-14、图4-15），3年生圈枝苗树高3～4米，茎围20～25厘米，第3年起可结少数果实，有些种苗定植1～2年就会开花结果。圈枝种苗结果时间和压条选择相关，如果选择的压条粗，并且是结果的枝条，一般会早结果。

图4-14　1.5年生圈枝苗（一）

图4-15　1.5年生圈枝苗（二）

五、组织培养繁殖

组织培养繁殖适用于规模化、产业化培育种苗。目前面包果组培育苗还处在试验阶段（图4-16），组培步骤如下。

（1）选取健壮的面包果树茎段节芽作为外植体，用洗涤剂浸泡并用流水冲洗干净，再灭菌4～5分钟，之后用无菌水冲洗4～5次，吸干水分后，将面包果的嫩芽置于添加1.0毫克/升6-苄基腺嘌呤和0.5毫克/升激动素的MS培养基上培养30天左右，以诱导出芽。

（2）将离体形成的嫩枝置于上述培养基中继代培养至发出新梢，在添加萘乙酸和吲哚丁酸各1.0毫克/升的1/2MS培养基中，将离体增殖的嫩枝进一步诱导生根（图4-17）。

（3）将生根后的嫩枝置于无激素和糖的1/2MS液体培养基中，转速25转/分，（26±3）℃驯化30天，在3 000勒克斯的冷白荧光灯下，生根的嫩枝在（26±3）℃滤纸台上生长20天，之后将生根的嫩苗（图4-18），移至含土壤、硅石和沙（2∶1∶1）混合物的盆钵并保持在相同环境条件下（图4-19）。

（4）生根嫩苗逐日浇水，用透明聚乙烯袋覆盖盆栽植株，保持高湿度，待植株10厘米高时移到温室，炼苗后移至田间种植。

组织培养法培育出来的苗木保持了母本的优良性状，组培技术保证了培育的苗木无病虫害和优良种苗的快速培育，通常不需要隔离检疫，方便于苗木运输和良种良苗的进出口，降低了不同国家地区之间病虫害传播风险。

图4-16　组培育苗

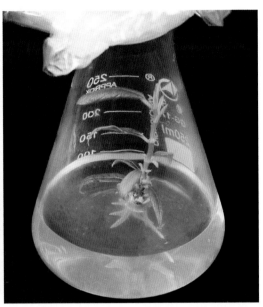

图4-17　诱导生根

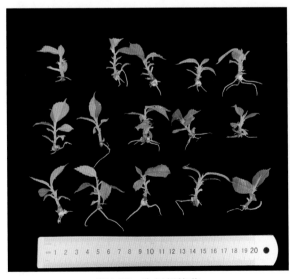

图4-18　生根组培苗

图4-19　生根幼苗移栽

第三节　种苗标准

　　苗木出圃时间应与果园定植期一致。在海南，春、夏、秋季均可出圃定植，起苗前应浇一次透水，这样不易伤根。对有伤口的根要进行修剪，剪口必须平滑。出圃的苗木应保持品种纯正，有一定的高度和粗度，细弱、病害、根系受到过度损伤或过小的苗木应去除。苗木在运输过程中，无论长途和短途，都要妥善包装，尽量把损伤降到最低。不同方式繁育的面包果苗木具体出圃标准如下。出圃苗见图4-20、图4-21。

图4-20　出圃苗（一）

图4-21　出圃苗（二）

一、根蘖、扦插苗出圃标准

种源来自经确认的品种纯正、优质高产的母本园或母株；出圃时营养袋完好，营养土完整不松散，土团直径＞12厘米、高＞20厘米；植株主干直立，生长健壮，叶片浓绿、正常，根系发达，无机械损伤，无明显病虫害；种苗高度≥60厘米；主干粗度≥0.5厘米；苗龄3～6个月为宜。

二、嫁接苗出圃标准

种源来自经确认的品种纯正、优质高产的母本园或母株，品种纯度≥98％；出圃时营养袋完好，营养土完整不松散，土团直径＞20厘米、高＞25厘米；植株主干直立，生长健壮，叶片浓绿、正常，根系发达，无机械损伤，无明显病虫害；接口愈合程度良好；种苗高度≥30厘米；砧段粗度≥1.5厘米，主干粗度≥0.5厘米；苗龄6～9个月为宜。

三、组培苗出圃标准

种源来自经确认的品种纯正、优质高产的母株；出圃时营养袋完好，营养土完整不松散，土团直径＞20厘米、高＞25厘米；植株主干直立，生长健壮，叶片浓绿、正常，根系发达，无机械损伤，无明显病虫害；种苗高度≥30厘米；苗龄6～9个月为宜。

Chapter 5

第五章 面包果种植技术

在原产地，面包果主要作为庭院种植的作物，植于房前屋后、村庄边缘和公路边等，集中连片规模化种植较少。当定植成活后，后期的人力成本投入较低，无需精耕细作，种植管理相对粗放。

面包果是多年生热带木本粮果作物，独具特色，经济寿命长。面包果种植业在农业经济中具有高效、速效和长效三重优势，只有标准化种植，才能促进产业可持续发展，并显著促进农业增效、农民增收和农村增绿。要在面包果种植上取得"一次栽树，长期受益"，需要科学规划和高水平的树体管理技术。因而，建园前必须重视果园规划与种植管理，主要包括果园选地、开垦、定植、施肥管理、土壤管理、树体管理和水分管理等，这关系到面包果早结果、丰产和稳产。生产实践证明，果农对果园规划、种植技术、整形修剪技术的掌握程度，是决定一个果园产量、质量和经济效益的关键因素，最终直接关乎果园生产成效。

面包果果实味美、营养丰富、用途广泛，市场前景向好。从栽培上说，结果寿命长、产量高而稳定、全年养护期短、生产成本低，适合无公害管理，这也是世界高效农业的重要组成部分。

第一节 果园建立

一、果园选地

面包果的生长发育对气候条件的要求比较严格，是典型的特色热带作物，对低温较敏感，耐受的最低温度范围为 5 ~ 10℃。生长发育地区仅限于北纬19°至南纬19°之间的热带地区。根据当前引种试种及小面积生产试验结果，气候环境要求高温多雨，宜选择年均温24℃以上的适宜种植区域，我国海南主要在琼南的丘陵台地地区，包括东方、昌江、乐东、三亚、保亭、陵水和万宁等市县。

面包果对土壤条件要求不甚严格，适宜多种土壤类型，能耐受短时间的干旱和涝害，从原产地生长来看，还相对耐盐碱，许多平地、丘陵地区的红壤地、黄土地、河沟边或沙壤土地种植较适宜，但仍宜选择坡度20°以下，土层深厚、结构良好，比较肥沃、疏松，易于排水，pH5.0～7.5，地下水位在1米以下，靠近水源且排水良好的地方建园。

面包果抗风能力差，且海南省常年受台风的影响，有些地方常受大风影响，建园时应选择避风区域或静风地块，以减轻风的危害。

面包果果实在储运过程中容易损伤、腐烂，所以在选择园址的同时应考虑交通条件是否便利。

二、园地规划

面包果园地规划包括小区、水肥池、防护林、道路系统和排灌系统等整体规划与设计。

（一）小区

为了便于果园的发展和管理，集中连片种植必须根据地块大小、地形、地势、坡度及机械化程度等进行园地规划，包括小区、道路排灌系统、防护林和水肥池等。一般按同一小区的坡向、土质和肥力相对一致的原则，将全园划分为若干小区，每个小区面积1.5～2公顷。

（二）水肥池

果园规划中，一般每个小区应设立水肥池，容积为10～15米^3。

（三）防护林

园地的划区要与防护林设置相结合，园地四周最好保留原生林或营造防护林带，林带距边行植株6米以上。主林带方向与主风向垂直，植树8～10行；副林带与主林带垂直，植树3～5行。宜选择适合当地生长的高、中、矮树种混种，如木麻黄、母生、菜豆树、竹柏、琼崖海棠、菠萝蜜、台湾相思和油茶等树种。

（四）道路系统

园区内应设置道路系统。道路系统由主干道、支干道和小道等互相连通组成，主干道贯穿全园，与外部道路相通，宽7～8米，支干道宽3～4米，小道宽2米。

（五）排灌系统

排灌系统规划应因地制宜，充分利用附近河沟、坑塘、水库等排灌配套工程，配置灌溉或淋水的蓄水池等。坡度小的平缓种植园地应设置环园大沟、园内纵沟和横排水沟，环园大沟一般距防护林3米，距边行植株3米，沟宽80厘米、深60厘米；在主干道两侧设园内纵沟，沟宽60厘米、深40厘米；支干道两侧设横排水沟，沟宽40厘米、深30厘米。环园大沟、园内纵沟和横排水沟互相连通。除了利用天然的沟灌水外，同时视具体情况铺设管道灌溉系统，顺园地的行间埋管，按株距开设灌水口。

三、园地开垦

面包果园地应深耕全垦，一般在定植前3～4个月进行，让土壤充分熟化，提高肥力。开垦时，首先划出防护林带，保留不砍，接着砍掉不需要保留的乔木和灌木，并进行清理。土壤深耕后，随即平整。园地水土保持工程的修筑依据地形和坡度的不同而进行。坡度5°以下的缓坡地不必修筑专门的水土保持工程，但应等高种植，并尽量隔几行果树修筑一土埂以防止水土流失；坡度在5°～20°的坡地应等高开垦，修筑宽2～3米的水平梯田或环山行，向内稍倾斜，每隔1～2个穴留一个土埂，埂高30厘米。

四、植穴准备

面包果植穴准备在定植前1～2个月完成，植穴以穴长80厘米、宽80厘米、深70厘米为宜（图5-1）。挖穴时，要把表土、底土分开放置，并捡净树根、石头等杂物，经充分日晒20～30天后回土。

根据土壤肥沃或贫瘠情况施穴肥。一般每穴施充分腐熟的有机肥20～30千克、复合肥0.5～1千克、钙镁磷肥1千克作基肥。回土时先将表土回至穴的1/3，中层回入充分混匀的表土与基肥，上层再盖表土。并做成比地面高约20厘米的土堆，呈馒头状为好。植穴完成后，在植穴中心插标，待3～4周土壤下沉后，即可定植。

五、定植

（一）定植密度

面包果栽植的株行距依品种，成龄树的树冠大小，植地的气候、土壤条件以及管理水平等而不同。一般采用株行距6米×6米或5米×7米，每公顷分别种植270株和285株。统一规格，标准化定植，便于后期管理。国外一些土地资源丰富地区，常定植较宽，株行距8米×10米。土地瘠瘦的园块可适当密植，种植密的园块待面包果封行后逐年留优去劣，进行适当疏伐，保持植株正常和获得稳定的产量；土地肥沃的园块可适当疏植。

（二）定植时期

在海南，春、夏、秋季均可定植，以3～5月或8～10月为宜，应选在晴天下午或阴天进行。一般雨季初期定植最佳，在3～5月光照温和及多雨季节进行，有利于幼苗恢复生长，种植成活率高。8～10月是海南的雨季和台风经常登陆时期，此时也适合定植。在春旱或秋旱季节，如灌溉条件差的地区，不宜定植。在秋冬季低温季节，定植后伤口不易愈合，且不易萌发新根，影响成活率，这些地区应在10月中下旬完成定植工作，有利于在低温干旱季节到来之前面包果幼苗已恢复生机，翌年便可迅速生长。

（三）定植方法

起苗、运输、种植的过程尽量避免损伤根系，营养袋育苗要保护土团不松散。定植时在已准备好的植穴中部挖一个比种苗的土团稍大的小穴，放入种苗并解去种苗营养袋，保持土团完整（图5-2），使茎基部与穴面平齐或微露于表土，扶正苗，回土压实。填土要均匀，根际周围要紧实。修筑比地表

图5-1　植穴大小

图5-2　定植种苗

高3～5厘米、直径80～100厘米的树盘（图5-3），适当剪除部分枝叶，剪去一张叶片的1/3～1/2，未老熟叶片也剪去（图5-4），以减少苗木水分的蒸发。覆盖干杂草等保湿，淋足定根水。

图5-3　填土修筑树盘　　　　　　　图5-4　剪除部分叶片

（四）植后管理

苗木定植后，如遇干旱天气，每天淋水1～2次，并采集椰子树叶或芒其插其周边，适当遮阴，定植至成活前，保持树盘土壤湿润，直至新梢抽发则为成活。雨天应开沟排除园地积水，以防烂根。受风区域苗木适当用竹子等立支柱扶持，避免因风吹苗木摇动而伤根。及时检查，补植缺株，保持果园苗木整齐。栽植成活的植株可薄施水肥，促进新梢正常生长。

（五）间作

面包果生长发育期较长，一般3～5年陆续开花结果，进入盛产期一般6～10年，且株行距较宽，果园提倡间种其他短期作物。通过对间种作物的施肥、管理，不仅有利于提高土壤肥力和土地利用率、光能利用率，增加初期收益，而且有利于促进面包果生长。间种作物可选择蔬菜、菠萝、香蕉、番木瓜、花生、毛豆和玉米等短期经济作物，间种作物离主干1米以上（图5-5）。

图5-5　面包果间作玉米

（六）耐盐试种

根据联合国粮食及农业组织（FAO）数据统计，面包果中有些品种非常适应沙土、盐碱土，可苗壮成长并结出果实。前期研究发现，面包果苗期在海沙中种植能够正常生长，对面包果幼苗浇灌10%浓度的海水，地上部与地下部的生物量较常规浇水的面包果差异不显著，光合作用略受抑制；随着浇灌海水浓度的增加，面包果生物量和光合作用呈逐渐降低趋势。可见，面包果能够在热带海边或岛礁种植，且相对耐盐碱。

海南省三沙市，分布众多零星、大小不一的岛屿岛礁，主要是珊瑚礁等盐碱土壤环境条件，前期研究表明面包果较耐盐碱。为了进一步生产实践检验其耐盐碱程度，2020年8月8日至12日，香饮所木本粮食研究中心培育的面包果品系首次在三沙市永兴岛和赵述岛试种。9月10日，定植1个月之后，试种的面包果抽生新叶2～3片，生长良好，适应性观测正在记录中（图5-6至图5-8）。如能试种成功，不仅能绿化岛屿岛礁，还能提供特色粮果，有望为我国热带岛屿岛礁农业开发奠定基础。

图5-6　面包果定植（永兴岛）

图5-7　椰子叶遮阳（永兴岛）

图5-8　面包果生长良好（永兴岛）

第二节　树体管理与施肥

面包果生命周期可大致分为幼树期、结果初期、盛果期和衰老期。幼树期以扩大树冠、培养树型和扩展根系为目标，此期是为开花结果奠定基础，要注意施足氮肥和磷肥，适当配施钾肥；结果初期主要以促进花芽分化为目标，应重视磷肥，配施氮、钾肥；盛果期以优质丰产稳产为目标，应注重氮、磷、钾肥配合，提高钾肥比例；衰老期以促进更新复壮、延长结果期为目标，应以氮肥为主，适当配施磷、钾肥。

面包果年生长周期根据需肥情况大致可分为养分储备期、大量需氮期和养分稳定供应期。养分储备期落叶回田，营养回流储藏至根系和枝干中，对来年早春生长发育特别重要。大量需氮期是器官建造期，需要大量以氮为主的养分。养分稳定供应期是氮持续稳定供应，需增加磷和钾供应。

面包果根系分布深而广，垂直分布集中在地表以下10～100厘米，吸收根主要分布在10～60厘米，水平分布集中在距离树干2～5米，施肥应集中在此区域。施肥方式包括环状沟施、放射状沟施、条状沟施、穴储肥水。环状沟施是以树冠滴水线（树冠外沿）为中心，开宽20～40厘米、深20～50厘米的沟，将肥料与土壤混合后施入沟内，再将沟填平。放射状沟施是以树干为中心，挖4～6条放射状沟。自树冠边缘至树干1/2处向外挖，沟宽20～30厘米、深20～40厘米，内窄外宽，内浅外深，开沟的位置要逐年更换（图5-9）。条状沟施是在树的行间或株间或隔行开沟，沟宽和沟深同环状沟施，开沟的位置要逐年更换。穴储肥水是在树冠滴水线处挖40厘米深、40厘米宽的肥水穴，数量依树冠大小而定，4～8个不等（图5-10）。

面包果定植后，既要加强幼龄树管理，又要加强成龄树管理，这是提高面包果产量与品质的关键。

一、幼龄树管理

面包果从定植到进入结果期，管理粗放者需5～8年，如加强栽培管理和病虫害防治，可在定植第四年进入开花结果期。因而，幼龄面包果树一般指种植后1～3年的未结果树。这时期的生长特点是，枝梢萌发旺盛，根系分布浅，抗逆能力弱。管理任务是扩大根系生长范围，加速植株树冠向外生长，抽生健壮、分布均匀的枝梢和形成良好、丰产的树冠结构。

图5-9　放射状沟施　　　　　图5-10　穴储肥水

（一）水分管理

在面包果幼龄阶段，要满足树体对水分的需求。面包果规模化种植园，浇水工作是非常重要的。因此，宜选择在雨季初期定植。在没有降水的情况下，定植初期每天至少浇水1次，至6个月龄后可少浇水。在旱季应及时灌溉，可依行距每2～3行布置供水管，采用浇灌，即用皮管直接浇水。如有条件，可以按株行，在距离每株茎基部0.5米处接一个喷头，操作容易，效果较好。灌水一般在上午、傍晚或夜间土温不高时进行。

在雨季，如果园区积水，排水不良，也会影响面包果生长。因此，雨季前后应对园地的排水系统进行整修，并根据不同部位需求，适当增大排水系统，保证果园排水良好。

面包果在定植初期及幼龄阶段应予遮阴、覆盖，以保持植株周边土壤湿润和减少水分蒸发。在海南当地可以就地取材，采用椰子叶插在植株周边遮阴，各种干杂草、干树叶、椰糠或间种的绿肥等都可以作覆盖材料，覆盖时间一般从雨季末期开始，距离主干15～20厘米覆盖，厚度以5～10厘米为宜。海南炎热干旱的季节土壤温度高达30～45℃，干杂草覆盖可以降低地表温度5℃左右，同时有利于减少水分蒸发，调节土温。夏季降温，冬季保温，不仅改善了土壤理化性状，而且改良了土壤团粒结构，增加了土壤湿度、有机质含量和土壤微生物多样性，因而有利于面包果根系的生长和养分的吸收，从而促进生长（图5-11）。

园地可定植临时荫蔽树，常种植豆科植物山毛豆、木豆、灰叶豆等（图5-12）。临时荫蔽树植后应经常修剪，除去过低的分枝。剪下的枝条可作为覆盖材料。此外，根据面包果生长发育阶段逐步疏伐临时荫蔽树。

图5-11　根部覆盖　　　　　　　图5-12　临时荫蔽树

（二）施肥管理

1.肥料种类

（1）有机肥　常用有机肥有畜禽粪、畜粪尿、厩肥、堆沤肥、土杂肥、草木灰、鱼肥，以及塘泥、饼肥和绿肥等。畜粪尿、饼肥一般沤制成水肥；畜粪、鱼肥一般与表土或塘泥沤制成干肥。这类肥料养分含量全面，既含有氮、磷、钾大量元素，又含有中量元素和微量元素。有机肥养分多呈复杂的有机形态，须经过微生物的分解才能被作物吸收利用，其肥效缓慢而持久。有机肥中富含有机质，可改良培肥土壤，增强土壤的保水保肥能力。施用有机肥改土时，可以施用作物秸秆。施用有机肥作基肥或追肥时，应施用腐熟的有机肥。在热带地区施用有机肥有利于增加土壤微生物活性和生态多样性，改良土壤理化性状，增加土壤养分，促进根系生长，延长植株的经济寿命。

（2）无机肥　常用无机肥（即化肥）有氮肥、磷肥、钾肥、微量元素肥料、复合肥及复混肥等。

主要氮肥：包括铵态氮肥（硫酸铵、磷酸二铵和磷酸一铵）、硝态氮肥（硝酸钾和硝酸钙）以及酰胺态氮肥（尿素）。由于铵态氮肥在其硝化过程中会产生氢离子（H^+）而导致土壤逐渐酸化，土壤pH下降，而逐渐影响面包果的营养供应。为了防止这个问题的发生，应该科学合理地使用含铵态氮的肥料。硝酸钾为面包果提供两种最重要的营养元素，且氮钾比例（N：K = 1：3）平均，肥料溶解度高，是一种理想的肥料。硝酸钙能提供氮和钙两种养分，但价格较高。叶面喷施氮肥也是一种补充氮素营养的有效方法，叶面喷施用氮源主要有尿素和硝酸钾。

主要磷肥：包括过磷酸钙（适合中性和碱性土壤施用）、钙镁磷肥（适合酸性土壤施用）、重过磷酸钙（适合中性和碱性土壤施用）、磷酸一铵（适合中性和碱性土壤施用）、磷酸二铵（适合酸性和中性土壤施用）、磷矿粉（适合酸性土壤施用）。

主要钾肥：包括氯化钾、硫酸钾（不会引起土壤酸化）、硫酸钾镁（含钾、镁、硫元素，对需要满足后两种养分的种植地区特别适用，不会影响土壤pH）、硝酸钾。

氮肥、磷肥、钾肥大多干施，肥料矿质养分含量高，所含养分比较纯，施用后肥效快。过磷酸钙宜在用前1个月与有机肥混堆后施用。

中微量元素肥料：包括钙镁肥和微量元素。其中钙可通过撒施石灰、基施过磷酸钙和钙镁磷肥来补充，镁主要通过施硫酸镁和钙镁磷肥来补充，一般与氮磷钾肥同时施用。南方果园中易出现缺硼、缺锌等症状，可通过喷施含相应微量元素的叶面肥方式加以补充。叶面肥常使用的肥源有尿素、磷酸二氢钾、氨基酸类叶面肥、腐殖酸类叶面肥等，施肥时间主要安排在花前期和果实生长膨大期，可在每次喷洒农药时进行。

2.肥料堆沤方法

（1）有机干肥堆制　农业生产中普遍使用的有机干肥为牛粪、羊粪和鸡粪等，常加入饼肥、过磷酸钙等一起堆沤。作为基肥，一般有机干肥与表土的比例为1：1或1：1.5。以上肥料须经过2～3个月的堆制，翻动3～4次，做到腐熟、细碎、混匀，方可使用。

（2）有机水肥沤制　有机水肥可以用人畜粪尿（普遍用牛粪）、饼肥、绿叶和水一起沤制。肥料用量和水肥浓度一般按1 000千克水分别加入牛粪200千克，饼肥3～5千克，豆科绿叶50千克。沤制期间要经过2～3次搅拌，1个月以后方可使用。

3. 施肥原则　针对热带亚热带地区土壤、气候条件，以及广大种植户常规施用单一比例复合肥而有机肥施用量不足的特点，对于面包果施肥，总的原则是"四个结合"，即有机肥与无机肥结合，迟效肥与速效肥结合，大量元素与中微量元素结合，土壤施肥与根外追肥结合。其中有机肥和迟效肥以深施为主，无机肥与速效肥以浅施和根外追肥（叶面喷施）为主；在肥料施用量上，以有机肥和迟效肥为主，无机肥和速效肥为辅。

氮肥的施用遵循配施、深施原则。相关试验结果表明，氮肥与适量磷、钾肥以及中、微量元素肥料配合，增产效果显著。氮肥与有机肥配合施用，可取长补短，缓急相济，互相促进，既能及时满足作物营养关键时期对氮素的需求，同时有机肥还具有改土培肥的作用，做到用地养地相结合。氮肥深施不仅能减少氮素的挥发、淋失和反硝化损失，还可以减少杂草对氮素的消耗，从而提高氮肥利用率，延长肥料的使用时间。

磷肥的施用遵循早施、深施、集中施原则。磷肥在土壤中易固定，移动性差，不能表施，要集中施在作物根部附近，增加与作物根系接触的机会。磷肥的集中施用，是一种最经济有效的施用方法，因集中施用在作物根群附近，应提高施肥点与根系土壤之间磷的浓度梯度，有利于磷的扩散，便于根系吸收。磷肥也要做好与有机肥、氮、钾肥配合施用，有机肥中的粗腐殖质能保护水溶性磷，减少其与铁、铝、钙的接触而降低固定。同时有机肥分解过程中产生的多种有机酸可防止铁、铝、钙对磷的固定，提高土壤中有效磷的含量。总之，磷肥合理施用，既要考虑到土壤条件、磷肥品种特性、作物的营养特性、施肥方法，还要考虑到与其他肥料的合理配比及磷肥施用效果。

钾肥的施用遵循深施、集中施原则。钾肥深施可减少因表层土壤干湿交替频繁所引起的晶格固定；钾素在土壤中移动性小，因此集中施用可减少钾与土壤的接触面积从而降低固定，提高钾肥利用率。面包果属于多年生果树，应根据果树特点，选择适宜的施肥时期。沙质土壤上钾肥不宜一次施用量过大，应遵循少量多次原则，以防钾的淋失。黏土上则可一次作基肥施用或每次的施用量大些。

4. 施肥方法　面包果的施肥方法应根据土壤条件、品种、树龄、产量水平等因素来决定。适宜的施肥方法可以减少肥害，提高肥料利用率。在生产中，施肥方法常有环沟施或穴施等。施肥时，在株间或行间的树冠滴水线外围挖条形沟施下，施肥沟的深浅依肥料种类、施用量而异。

有机干肥施用宜开深沟施，规格为长80～100厘米、宽30～40厘米、深

30 ～ 40 厘米，挖土机挖的施肥沟规格可以适当大一些，沟内压入绿肥等有机肥并覆土。有机水肥和化学肥料宜开浅沟施，沟长80 ～ 100 厘米、宽10 ～ 15厘米、深10 ～ 15 厘米。施肥时混土要均匀。旱季施化肥要结合灌水，有机肥施用应结合深翻扩穴深施。如有土壤分析条件，可按土壤有机质含量划分土壤肥力水平：有机质小于1%称为低肥力土壤；1% ～ 2.5%称为中肥力土壤；2.5% ～ 4%称为高肥力土壤。

面包果生产中，常用"三看法"施肥。

（1）看树施肥　根据品种、物候期、树龄、树势及结果状况施肥。对植株出现缺素症状的，诊断后，缺什么肥，补什么肥。

（2）看土施肥　根据土壤结构、质地、地下水位高低、有机质含量多少、酸碱度、养分情况、地形及地势等进行施肥。如沙质土，保水保肥能力差，宜采用勤施、薄施、浅施和根外追肥的方法；黏土则常用重施、深施或深浅结合施肥的方法。

（3）看天施肥　温度、湿度和降水直接影响根系的呼吸作用和对养分的吸收，影响土壤养分的分解、转化和微生物的活动，故应看天（气候）施肥，做到"雨前、大雨不施肥，雨后初晴抢施肥"，以及"雨季干施，旱季液施，旱、涝灾后多施速效肥和进行根外追肥"。

5. 水肥一体化试验　水肥一体化是通过灌溉系统来施肥，通常包括水源、肥池、首部系统、田间输配水管网系统和灌水器等四部分，是借助压力系统（或地形自然落差），将可溶性固体或液体肥料配兑成的肥液与灌溉水一起，通过可控管道系统供水、供肥。水肥通过管道均匀、定时、定量地按比例直接供给作物。实际生产中由于供水条件和灌溉要求不同，施肥系统可能仅由部分设备组成。施肥方式包括淋施、浇施、喷施、管道施用等。水肥一体化施肥肥效发挥快，养分利用率提高，可以避免肥料的挥发损失，既节约肥料，又有利于环境保护。

（1）水肥一体化设施组成　水源一般包括河流水、湖泊水、水库水、井水、鱼塘水、水池水等。为防止喷头受杂质堵塞，使用前需过滤。首部系统主要由动力设备、过滤器、施肥设备、控制阀门、计量设备和安全设备组成。田间输配水管网系统用于运输水肥，由于流量大，常年不动，通常埋于地下，包括硬塑料管（PVC管）、聚乙烯管（PE管）和连接配件等。铺设管道时应考虑正常使用时的压力，选择合适管径的管材。灌水器主要指出水肥的喷头部分，喷头质量的好坏直接影响水肥一体化系统的寿命及灌水质量的高低。根据喷灌区域的地形地貌、土壤、植物、气象和水源等条件选择合适的喷头，不但能够发挥喷灌的优势，而且有利于降低喷灌系统的成本和后期管理维护的费用。如微喷头可以为雾化喷头，使水肥液通过喷头形成水雾喷出，喷洒更均匀，面积更大，达到更好的施肥效果。滴头可以节约用水量，在干旱少雨地区更能达到节本增效的目的。

（2）水肥一体化设施铺设方式　水肥一体化设施有水源、肥池、首部系统、田间输配水管网系统和灌水器组成，面包果园水肥一体化设施示意图，见图5-13。肥池可以设在种植区域的一端，设施安装时以PVC硬管为主管道，在主管道前端安装过滤器。主管道沿面包果种植区域的长度方向设置，分支管道设在面包果种植区域的宽度方向设置，在各分支管道上靠近树头的部位打孔安装喷头。为方便各部件的安装和连接，主管道可以由依次连接的多段管路连接而成，分支管道可以安装在相邻各段管路之间。分支管道与主管道，以及主管道的各段管路之间均可拆卸，便于后期维修维护或补植时可以拆卸重新安装。使用时，根据面包果生长需求，将化肥、液态有机肥等溶于肥池中，形成所需要的肥液，然后开启动力泵，水和肥液将沿输送管和主管道进入各分支管道中，并由各分支管道上的喷头喷出，均匀地喷洒于植株滴水线范围内，达到施肥目的。

面包果常用的管道系统有喷灌和滴灌。喷灌是把灌溉水喷到空中，形成细小水滴再落到地面，像降雨一样的灌溉方式。喷灌系统包括水源、动力、水泵、输水管道及喷头等部分，优点是节约水资源，减少土壤结构破坏，调节

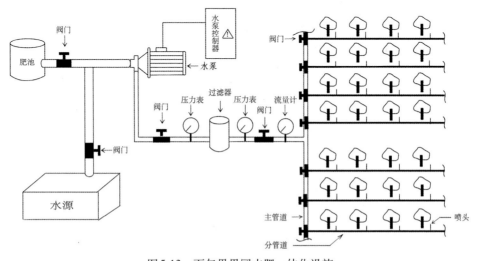

图5-13　面包果果园水肥一体化设施

果园小气候，提高产量和工作效率，地形复杂的山地亦可采用，具体见图5-14、图5-15。缺点是有风的情况下不宜喷灌。滴灌是以水滴或细小水流缓慢地施于植株根域的灌溉方式。优点是较喷灌节水一半左右，缺点是管道和滴头容易堵塞，肥料损失较高，要求良好的过滤设备。

图5-14　面包果果园喷灌（一）

图5-15　面包果果园喷灌（二）

6.**肥料用量** 施肥量＝（吸收量－土壤天然供给量）/肥料利用率。影响施肥的因素很多，需要考虑果树需肥特性、土壤供肥情况、产量、肥料利用率等。对面包果施肥时，既可按树龄来确定施肥量，也可按产量水平来确定施肥量。科学的施用量是根据面包果园土壤养分状况，并结合叶片分析结果来确定得出。

7.**幼龄树施肥** 幼龄树施肥，以促进枝梢生长，迅速形成树冠为目的。除冬季施有机肥作为基肥外，每次抽新梢前施速效肥促梢壮梢。施肥量应根据面包果的不同生长发育时期而定，随着树龄的增大，逐年增加施肥量，以满足其生长需要。

根据幼龄面包果的生长发育特点，应贯彻勤施、薄施、少量多次，生长旺季多施肥为主要原则。以氮肥为主，适当配合磷、钾、钙、镁肥。苗木定植后1个月左右，即新梢抽出时应及时施肥。一般10～15天施水肥1次，水肥由人畜粪、尿、饼肥和绿叶沤制腐熟后施用，离幼树主干基部20厘米处淋施。如果水肥太浓，可加水稀释；浓度不够，可加尿素或复合肥施用。一般定植一年后，做到"一梢一肥"，隔月1次。

在海南兴隆地区，每年3～5月新梢、叶片萌动快速生长，需氮量较多，1年生幼树每次可株施尿素50克或三元素复合肥100克或水肥2～3千克；随着树龄增长，用量可逐年增加，2～3年生幼树每次可株施尿素100克或复合肥125克或水肥4～5千克。要讲究尿素或复合肥施用方法，在平地上可环施，在斜坡上在树苗高处施。施肥后盖土，干旱时要及时灌水。

（三）中耕除草

中耕除草是面包果园管理中一项重要工作，在定植1个月后进行，以后每1～2个月进行1次，保持树盘无杂草，减少杂草和树体之间的养分和水分竞争，果园清洁还可以减少病虫危害。并结合松土，以提高土壤的保水保肥能力和通气性。定期用锄草机控制果园杂草高度，清除的杂草既可以作为果园覆盖材料，也可以作为有机肥深埋地下。易发生水土流失园地或高温干旱季节，应保留行间或梯田埂上的矮生杂草。

（四）扩穴改土

植后3年内，除梢期施肥外，每年秋末冬初可进行深翻扩穴压青施肥，以改良土壤，在紧靠原植穴四周、树冠滴水线外围对称挖两条施肥沟，规格为长80～100厘米、宽和深分别为30～40厘米，沟内压入杂草、绿肥等，施有机肥20～30千克并覆土，以提高土壤肥力，促进面包果根系生长。常采用

小型挖掘机进行施肥沟的作业，下一次在另外对称两侧逐年向外扩穴改土（图5-16、图5-17）。

图5-16　行间挖施肥沟　　　　　　　图5-17　面包果施肥

（五）整形修剪

面包果整形修剪是根据面包果的生长发育规律，结合土肥水、品种及管理技术措施，按照管理的要求修剪成一定的形状，这也是面包果生产中技术含量较高的管理环节，是决定一个果园产量和质量高低以及经济效益多少的关键因素。修剪实践证明："果树要高产，必须常修剪，肥水基础好，剪刀赛神仙"；"果树不修剪，枝繁果难见，病虫来缠绕，锯子作了断"。生产管理技术人员对整形修剪技术掌握的程度，首先取决于对其意义与作用的认识水平。

果树整形修剪的目的，就是要把树体培养成符合现代农业标准化生产所要求的树冠结构，使树体在便于管理和减少投工的同时，具有较强的结果能力、负载能力和适应抗御不利环境的能力，从而使树体达到生长健壮、优质、高产的目的。

整形是指根据果树生产的需要，通过修剪技术把树冠整成一定大小、结构与形状的过程，最后实现目标树形。在生产上为了使树体的骨架结构分布合理和生长健壮，便于各种栽培管理和充分利用太阳光达到优质高产，一般都要进行树冠整形。

修剪是指对果树上不合要求的枝条和根系等通过技术性修整和剪截措施，

实现科学化的性能改造。比如常见的短截、疏枝、缓放、回缩、弯曲、造伤等修剪方法。修剪的目的多种多样，培养骨干枝和结果枝组，控制树冠的大小，调节营养生长和生殖生长的关系，保护树体减少自然灾害与病虫危害等。

对面包果进行修剪的目的在于形成合理的树冠结构。适度的修剪，是培养主枝和二、三级分枝的关键，这也是构成树冠的骨架。整形修剪技术能有效保障树冠合理发展，能促使幼树早成形、早结果和早丰产，在经济上提早收益。

一般地，面包果以修剪成自然开心形为佳。面包果树的骨干枝是整个树冠的基础，它对树体的结构、树势的生长发育和开花结果都有很大影响。因此，必须在幼龄树阶段开始修枝整形，以培养好的树形结构，为丰产打下基础。要求每层枝的距离约0.8～1米，使分枝着生角度适合，分布均匀，其技术要点是：幼苗期让其自然生长，当植株生长高度至1.8～2.0米时，即行摘心去顶，让其分枝。抽出的芽应按东、南、西、北四个方位选留3～5个分布均匀，与树干呈45°～60°生长的枝条培养一级分枝，此时可采用拉、坠等方法改变枝条的角度和方向，开张角度，缓和枝条的生长势，既有利于营养物质的积累，又可改善树体的通风透光状况。选留的枝芽离地面1米左右，抹除多余的枝芽。当一级分枝长度达1.2～1.5米时，再行摘心去顶，以培养二级分枝。要求选留2～3条左右健壮、分布均匀，斜向上生长的枝条作培养二级分枝，剪除多余的枝条。如此重复再进行2～3次，形成开张的半圆球形树冠。2～3年生树形见图5-18、图5-19，3～4年生树形见图5-20、图5-21。

图5-18　2～3年生树形（一）

图5-19　2～3年生树形（二）

图5-20　3～4年生树形（一）　　　图5-21　3～4年生树形（二）

随着树冠扩大，分枝增多，剪除交叉枝、过密枝、弱枝、直立枝、下垂枝、病虫枝等枝条。修剪时首先针对果树枝叶茂密、妨碍阳光照射的果树树杈，疏通树冠。由下而上进行，修剪口往上斜切，防止伤口积水腐烂，最好在伤口涂上保护剂。

对幼龄树进行修剪，形成层次分明、疏密适中为好；树形不宜太高，以高度5～6米为好。修剪可以控制树高，矮化树形，但需保持一定度，存在一定的缺点问题，修剪方法不恰当或过重，会影响到树体健康，真菌和病原体会从伤口进入树体，导致树体衰退。

二、成龄树管理

（一）水分管理

面包果不同的生长发育期，对水分的要求不同，主要有开花期和果实发育期等。开花期和果实生长期遇干旱天气，果实成熟期遇暴雨，都会导致不良的效果。开花期和小果期干旱则要及时灌溉，灌水量以淋湿根系主要分布层10～50厘米为好，灌溉一般在上午、傍晚或夜间土温不高时进行。

果实发育的中后期，如遇干旱则进行灌溉，如遇暴雨及时排除园地积水，及时修复损坏的排灌系统。

（二）施肥管理

面包果根蘖苗、嫁接苗一般4～5年，圈枝苗一般2～3年就可开花结果，植株在生长发育过程需肥量较大，而且需要氮、磷、钾等各种营养元素的供应。不同的树龄、品种、长势及土壤肥力的不同，施肥量、种类也有差异。施肥水平高，年度间丰产稳产；施肥不合理，营养生长与生殖生长失衡，有的树势生长过旺而不开花结果，或当年开花结果过多，大小年现象突出，树势过早衰退。因此，在标准化种植过程中，必须根据面包果不同的生长发育阶段，合理施用花前肥、壮果肥、果后肥等，以满足其生长需要，促进新梢生长、花芽分化和果实发育，并保持植株长势，这也是标准化果园管理的必需要求，标准化果园具体见图5-22、图5-23。

图5-22　面包果标准化种植基地（一）

图5-23　面包果标准化种植基地（二）

根据面包果开花结果的物候期，以海南省万宁市兴隆引种试种面包果物候期为例，对结果树施用氮、磷、钾肥，并与有机肥搭配施用，每个结果周期施肥3～4次，一般围绕促花、壮果和养树等几个重要环节进行。具体施用时间与用量如下：

1.**花前肥**　在面包果5月初萌花芽，在抽花序前，施速效肥，以促进新梢生长与促花壮花，提高坐果率。一般在3月中下旬至4月施用，每株施尿素0.5千克、氯化钾0.5千克或氮磷钾（15-15-15）复合肥1～1.5千克，在树盘开沟施入、覆土，然后浇水，水溶性肥可经喷灌系统施肥。在抽花序时可喷施速溶硼和磷酸二氢钾两次，间隔14天左右，以促进花序及小果发育，减少落果。

2.**壮果肥**　在面包果果实迅速增长的时期施保果肥，一般在抽花序后1～2月内施用，及时补充开花时的营养消耗，促进果实的正常生长发育，在6～7月，为面包果果实迅速膨大的时期，此时正值海南干旱季节，须进行灌溉，施肥，保花保果，提高产量。花量大的应早施，花量少宜迟施。株施尿素0.5千克、氯化钾1～1.5千克、钙镁磷肥0.5千克、饼肥2～3千克。在果树膨大的中后期可叶面喷施氮磷钾（12-6-40）大量元素水溶肥料1～2次，满足坐果期对钾的需求，促进果实膨大，改善果色，防止落果、畸形果等，提高果实的内外品质。

3.**果后肥**　施养树肥是面包果稳产的一项重要技术，施好养树肥能及时给植株补充养分，以保持或恢复植株生势，避免植株因结果多、养分不足而衰退。在面包果果实采收后，要及时重施有机肥和施少量化肥。一般在11月中下旬至12月施用，每株施有机肥25～30千克、饼肥2～3千克（与有机肥混堆）、氮磷钾（15-15-15）复合肥1～1.5千克。

（三）中耕除草

面包树根系生长庞大，有些根系沿着接近地表不断延伸横走并吸收营养物质，因而如果土壤通气性好，有机质丰富，则生长迅速。除草一般结合施肥进行，并松土，一般深10～15厘米，提高土壤的通气性和保水性，促进新根的生长，保持树体长势良好，树盘无杂草，果园清洁。

（四）整形修剪

成龄树果实采收后应适当修剪，剪截过长枝条，剪去交叉枝、下垂枝、徒长枝、过密枝、弱枝和病虫枝等，植株高度控制在6米以下，培养矮化树形，便于抚管，以增强其抗风性。树冠株间的交接枝条也剪去。初结果果园和成龄树形见图5-24、图5-25。树冠枝叶修剪量应根据植株长势而定。结果树修剪宜轻，重在调节，主要任务是根据树体优质高产、稳产和通风透光的生产要求，适时调整、更新和管理好结果枝组，防止不规则枝条的出现，对中下部枝条尽量保留，对个别大枝、徒长枝也要适当修剪，通过整形修剪使枝叶分布均匀，形成层次分明、疏密适中的树冠结构，结果多、植株产量也高（图5-26）。修剪枝条时尽量采用专业的修剪工具，特别是修剪大的枝条时往往易于撕裂大片树皮，处理不当，树体伤口暴露过多需经较长时间愈合，伤口愈合缓慢，真菌和病原体会从伤口进入树体，会影响到树体健康，导致树体衰退，进行枝条的修剪注意保持切口平顺，可在切口涂上伤口愈合剂、油漆或沥青等保护剂（图5-27、图5-28）。修枝整形过重会减少产量，特别修剪大枝条过多，因为果树修剪后在接下来的季节会旺盛营养生长，导致产量下降。修剪之后往往接着施肥覆盖，促进树体恢复。

　　根系修剪常常是被忽视的，并没有专门的技术措施，但客观地说，面包果园土壤管理中的一些耕作环节自然会断掉部分根系，实际上也起到了根系修剪的作用，这些作用主要是通过果园翻土施肥和中耕除草等田间管理作业的方式实现的。根系修剪的意义和作用，根系作为树体养分与水分供应的器官，其正常生长发育状态的维持不仅是根系本身生命活动的需要，也是地上部树冠正常生长发育的前提和基础，这就是"根好树才好"的道理。

图5-24　初结果果园

图5-25　成龄树树形

图5-26　高产植株

图5-27　枝干切口平顺

图5-28　涂抹保护剂

　　面包果生产中，在秋冬季施养树肥时，结合面包果高龄老弱树的更新复壮，可从根系的修剪更新开始，做到以根促枝、以枝促芽、以芽促花、以花促果，最终达到老弱树复壮、恢复生产的目的。作为一种国内近年引进的粮果兼用作物，在世界上也属于未被充分重视和研究的作物，在修枝整形、施肥管理以及农业信息等方面的研究成果很少，有待进一步深入研究。

三、灾害天气防御

（一）寒害预防处理

寒害是我国面包果引种栽培遭遇的主要自然灾害之一。当温度低于10℃时，面包果停止生长，5℃时便会受到寒害。2008年1月，2016年2月，2021年2月，各植区面包果都出现过不同程度的寒害。轻者嫩梢生长发育停止，顶芽干枯，叶片出现褐斑；重者整株叶脱落，枝条干枯，甚至整株死亡。因此，针对冬春低温阴雨天气，在气温较低时要做好防寒工作。常用的防寒措施如下。

1.施肥防寒　施用火烧土、草木灰、农家肥等热性肥料，并合理使用叶面肥，增强抗寒能力。每株可施腐熟禽畜粪肥5～10千克或饼肥1～2千克，并在树体周围撒施石灰粉0.5～1千克。阴雨转晴后，叶面可喷施0.1%～0.3%磷酸二氢钾。施肥的同时结合开沟培土或覆盖。先在树盘内放置一层稻秆或草木灰，然后以树干为中心，培高10～20厘米的土堆，以提高土温和树体自身抗寒抗霜能力。

2.主干涂白　对主干进行涂白，既防寒又杀菌。涂白剂的制作方法：准备生石灰10千克，食盐0.5千克，水40千克，黏土1～2千克；先用水化开生石灰和食盐，滤去残渣，后加入黏土充分搅拌，再兑水搅拌均匀。在晴天将主干、主枝基部均匀涂刷（图5-29）。涂液时要干稀适当，以涂刷时不流失、干后不翘、不脱落为宜。

3.果园熏烟　结合冬季清园，铲除果园杂草以及修剪的枝叶等堆积地头，堆物以湿泥封盖，在寒流低温来临前的傍晚点燃，让其慢慢燃烧发烟，使果园上空形成一层烟雾，减少冻害。熏烟防寒时一定要注意防止明火发生火灾。在生产实践中，果园熏烟之后的草木灰施于树体，并进行主干涂白，防寒效果较好，并未观察到面包果树体受到影响，叶片也未出现症状（图5-29）；同地区，未在果园熏烟及主干涂白，未施草木灰的面包果树体，叶片出现轻微的褐斑。

4.根部灌水　利用井水进行灌溉，提高土壤的含水量和地温，防止接近地面的温度骤然降低，引起冻害。有霜冻时还需在早晨太阳出来前叶面喷水洗霜，以防太阳出来融霜时冻伤叶片。

5.防病保树　低温阴雨天气，要及时修剪面包果受害枝条和清除枯枝落叶，并集中于园外烧毁，预防病害发生。此时易感多种病害，造成大量落花落果，可选用45%咪鲜胺乳油500倍液，或70%甲基硫菌灵可湿性粉剂800倍

液，或80%戊唑醇水分散粒剂500～800倍液，隔5～7天1次，连喷2～3次。

6.修枝整形　寒害树的处理，将轻度受害树干枯的嫩枝、顶芽剪除，可结合修枝整形，重新培养矮、壮、疏、匀，立体结果性能好的树冠。锯口倾斜度以20°～30°角为宜，斜度大伤口不易愈合，锯口过平则易积水，引起锯口腐烂，也不利于伤口愈合。锯口直径大于5厘米的应进行涂封，应在切锯后2～3天锯口干燥后进行，涂封剂可用油漆、沥青等。

图5-29　主干涂白

（二）台风灾害预防处理

1.台风前果园预防措施

（1）园区规划　面包果果园应选择地势较高，易于排水的地方建园；园区规划要与防护林设置相结合，防风林设计和树种选择详见本章园地规划防护林章节。

（2）设置排灌系统　山坡地应在坡顶挖环山防洪沟，通常要求沟面宽0.8～1米，底宽及沟深0.6～0.8米，以减少水土流失。

（3）捆绑加固　为防强风摇动植株导致根部受损、枝条折断，新植幼龄树应设立支柱加以固定，支柱可采用竹子、木条、钢管等，再以绳子或布条固定主干。

（4）修枝整形　在海南每年8～10月海南台风较为密集的时期，在果实采收后应进行修枝整形，将过密枝条剪除，并适当矮化植株，缩小冠幅，减低风害。

2.台风灾后田间管理技术

（1）排除积水　台风期间和台风后立即疏通排水沟，加快地面积水的排除。

（2）吹斜、吹倒植株处理　吹斜的植株要及早扶正，适时修剪，立柱固定，留梢养树；对吹倒的植株，由于根部严重受损，不可立即扶正，先适度修剪地上枝条，待树势恢复后再逐步扶正。

（3）断裂枝条处理　枝条折断处应予重新修整，修剪口往上斜，防止修剪口积水腐烂，特别是一些大枝被锯除以后，伤口较大，而且表面很粗糙，这时候首先要用锋利的修削刀将锯口修光削平，最好在修剪口涂上保护剂。以防病虫由此侵入和树体水分蒸发流失而影响枝条此后的正常生长。

（4）保护茎基部，恢复树势　台风后检查面包果树体，如果树体茎基部周围已形成一个洞，可配50%多菌灵可湿性粉剂500倍液，喷茎基部，然后培新土并固定树体。

（5）病虫害防治　台风过后容易发生面包果花果软腐病和炭疽病等，可选用50%多菌灵500倍液或70%甲基硫菌灵800倍液，每隔3天喷药1次，连喷2～3次。

（6）水肥管理　在面包果根系恢复后，新叶抽长，此时可薄施有机肥、水溶性肥料、复合肥或喷施叶面肥等，以恢复植株生势。

Chapter 6

第六章　面包果病虫害防治

　　面包果通常树形健壮，病虫害相对较少发生，然而如何有效地防治面包果病虫害是丰产稳产不可或缺的重要环节。由于是近年引进作物，国内面包果病虫害的研究刚起步，在国外或原产地，其研究相对较早。Marte（1986）和Rajendran（1992）研究表明，面包树通常也会遭受盾蚧、粉蚧和叶片褐斑病的危害。在自然条件下，其病虫害的发生通常具有区域性：二斑叶蝉在夏威夷危害严重；平刺粉蚧（*Rastrococcus invadeniss*）危害非洲西部的一些地区；而座坚壳属（*Rosellinia* sp.）真菌则被报道对特立尼达和格林纳达的面包树具有潜在威胁（Marte，1986）。座坚壳属真菌病害严重时可以导致面包果死亡，传播速度也相对较快，急需一种快速有效的防控方法。一些试验表明，土壤中拌入生石灰能够有效地减少该真菌的危害。根结线虫（*Meloidogyne* sp.）在马来西亚危害严重，通常引起面包树生长缓慢、分枝减少、叶片发黄和根系不发达等症状 (Razak，1978)。

　　19世纪60年代，密克罗尼西亚面包果树上出现一种"平吉拉普病"，导致大片的面包果树遭受毁灭性危害。在许多岛屿，尤其是在关岛和卡洛琳环礁，梢枯病（Die-back）的危害很严重(Zaiger and Zentmeyer，1966)。Trujillo (1971) 调查发现该病害并没有专门的病原菌，应该是台风、干旱、树木老龄化、土壤盐碱化和一些其他环境因子综合作用的结果。这种病害在一些加勒比海岛屿上也被发现(Roberts-Nkrumah，1990)。玛丽亚岛上的一些研究人员发现，褐根病菌（*Phellinus noxiusa*）是该病害的病原物 (Hodges and Tenorio，1984)。夏威夷的研究人员发现一种咖啡短体线虫危害面包果根部，造成根部腐烂。很多病原菌都可以导致面包树果腐病，包括疫霉菌（*Phytophthora*）、炭疽病菌(*anthracnose*) 和根霉菌（*Rhizopus*）；这些病原物通常危害熟透的果实，及时采摘成熟果可以有效地避免上述病害(Trujillo, 1971；Gerlach and Salevao，1984)。在印度，通过在收获期全株喷施1%石硫合剂（2周1次）来防控疫霉病病害(Suharban and Philip，1987)。亚洲果蝇也会危害熟透的果实和掉落的果实，在菲律宾可以导致30%左右的损失(Coronel，1983)。

近年笔者对在海南万宁兴隆香料饮料研究所标准化种植的面包果进行病虫害调查发现，目前危害面包果的主要病害为果腐病，害虫主要有天牛、黄翅绢野螟和果蝇等。

第一节　主要病害及防治

一、面包果炭疽病

（一）危害症状

叶片症状：常在叶片上出现淡褐色水渍状病斑，当病斑环绕枝梢一周时便引起叶落或梢枯。枯梢呈灰白色或灰褐色，发病及健康区域交界明显（图6-1）。

果实症状：病斑呈圆形或不规则形，初呈淡青色至暗褐色水渍状，后中间变为灰褐色，边缘褐色或深褐色。天气潮湿多雨时，病部长出粉红色黏性小点；天气干燥时，病斑呈灰白色，上生黑色小点，散生或轮纹状排列，易引起果腐，导致果肉坏死。

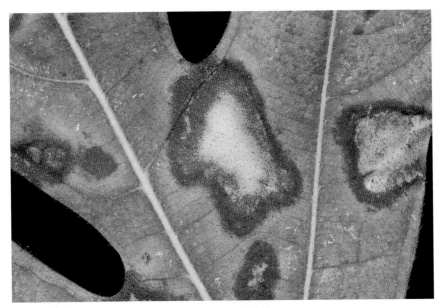

图6-1　炭疽病症状

（二）病原菌

病原菌为炭疽菌属（*Colletotrichum*）真菌。在培养基上，菌落灰绿色，气生菌丝白色绒毛状，后期产生粉红色分生孢子堆。

（三）发生规律

炭疽病病菌喜高温高湿环境，生长适温为21～28℃，最低为9℃，最高37℃。该病全年均可发生，病菌以菌丝体在病枝、病叶及病果上越冬。翌年越冬的病菌作为初次侵染来源，可借风雨、露水或昆虫释放和传播，从伤口和自然孔口侵入，各个时期均可受害，常引起叶片坏死脱落，开花前后病菌可潜伏侵染幼果，从而存活于果实内，于果熟期扩展引起果腐。受水、旱、寒害，树势衰弱，偏施氮肥，植株缺少管理、虫害严重的园区易染病。

（四）防治方法

1.农业防治　加强栽培管理，合理增施有机肥和钾肥，防止偏施氮肥，按比例施氮、磷、钾肥；避免过度荫蔽，雨后及时排除积水，保持通风；干旱季节注意及时灌溉，及时为树体保暖，避免寒害发生，增强树势，提高抗病能力。此外，及时清除病源，保持田间卫生；发生病害时及时清除病枝、病叶和病果，集中深埋或烧毁，以减少病源。

2.化学防治　在嫩芽、嫩梢、幼果期和果实膨大期及时喷药防控。可选用如下药剂：40%腈菌唑水分散粒剂4 000倍液或40%福美双·福美锌可湿性粉剂500～800倍液、50%多·锰锌可湿性粉剂500倍液、0.5%波尔多液，每隔15～20天喷施1次。

二、面包果疫病

（一）危害症状

面包果苗期易感染疫病，病原易侵入嫩芽、嫩茎和近地面叶片，引起叶腐或茎腐（图6-2）。感病初期出现水渍状褐色病斑，后迅速从梢间向下蔓延，病部腐烂，湿度大时病部可看到白色絮状菌丝。病情严重时，造成嫩芽、嫩茎腐烂和叶片脱落（图6-3）。

（二）病原菌

病原菌为疫霉菌属（*Phytophthora*）真菌。

（三）发生规律

病原菌以卵孢子在土壤中越冬，翌年经雨水冲刷到近地面的茎蔓或嫩梢上引致初侵染，后产生的孢子囊随风和雨水传播，完成再侵染。土壤中或病残

图6-2　苗期疫病初期　　　　　　图6-3　苗期疫病末期

体上的卵孢子可存活多年。湿度高或多雨天气、土壤黏重，易发病。重茬地发病重。

（四）防治方法

1.农业防治　加强田间管理，切断传播途径。苗期培育选择远离感病区，通风良好的沙床，及时翻耕培土，雨后及时排除积水防止湿气滞留；从健康无感病的植株上选取插条，培育无病种苗；及时剪除病叶、病枝，集中烧毁，同时在伤口处涂抹0.5%波尔多液，保护切口，防止病菌从伤口侵入。保持田间整洁，切勿将病枝乱扔造成二次侵染。

2.化学防治　合理喷施农药防控。常用药剂如下：25%甲霜灵可湿性粉剂800倍液或58%甲霜灵·锰锌可湿性粉剂600倍液、72%精甲霜·锰锌可湿性粉剂500～800倍液。

三、面包果果腐病

（一）危害症状

主要危害果实，幼果、成熟果均可受害，受虫伤、机械伤的果实易受害（图6-4）。果实发病初期产生圆形或椭圆形黑褐色水渍状病斑，随后病斑迅速扩大，发病处略显凹陷，果实病部变软，果肉组织溃烂（图6-5）。此病发生普遍，为面包果果实上的常见病害。

（二）病原菌

病原菌为匍枝根霉（*Rhizopus nigricans*）。

图6-4　果腐病症状（一）　　　　　图6-5　果腐病症状（二）

（三）发生规律

病菌越冬时，在病斑表面形成散生的褐色小颗粒，即拟菌核。以拟菌核和厚垣孢子的形式在老病株或病残体中越冬。病菌菌丝在15～35℃均能生长，25～35℃是病菌的生长适温。随着春季气温回升，降水量增多，厚垣孢子萌发成菌丝侵染危害；空气潮湿、气温适宜时，病部表面产生霉状的分生孢子，并随雨水和空气传播再次侵染危害；分生孢子萌发时从隔膜或者两端伸出芽点，然后逐渐伸长和分叉形成菌丝侵入寄主表皮。在我国海南兴隆地区，4～9月雨水丰富，病菌可多次侵染危害，5～8月为发病高峰期。

（四）防治方法

1.农业防治　种植时要适当控制植株密度，加强田间卫生管理，及时修剪老弱病残枝，清除感病的花、果及地面枯枝落叶，并集中于园外烧毁或深埋；合理修剪，改善果园的光照和通风条件，防止果实产生人为或机械伤口，避免果园积水，注意排水防涝，减少病菌滋生条件。

2.化学防治　在开花期、幼果期喷药护花护果，选用10%多抗霉素可湿性粉剂或80%戊唑醇水分散粒剂500～800倍液、90%多菌灵水分散粒剂800～1 000倍液，每隔5～7天喷施1次。视病情发展情况，确定喷施次数，一般连续喷施2～3次。

四、面包果白绢病

（一）危害症状

白绢病通常发生在面包果的茎基部。感病茎部皮层逐渐变成褐色坏死，严重的皮层腐烂。苗木受害后，影响水分和养分的吸收，以致生长不良，地上部叶片变小变黄，枝梢节间缩短，严重时枝叶凋萎。当病斑环茎一周后，会导致全株枯死。在潮湿条件下，受害的茎基部表面或近地面土表覆有白色绢丝状菌丝体（图6-6、图6-7）。后期在菌丝体内形成很多油菜籽状的小菌核，初为白色，后渐变为淡黄色至黄褐色，以后变茶褐色。菌丝逐渐向下延伸及根部，引起根腐。有些树种叶片也能感病，在病叶片上出现轮纹状褐色病斑，病斑上长出小菌核。

图6-6　白绢病症状侧面　　　　　图6-7　白绢病症状正面

（二）病原菌

该病病原菌无性世代为半知菌亚门无孢菌群小菌核属齐整小核菌（*Selerotium rolfsii*）。病菌发育最适温度为30℃，在pH 6.0时繁衍迅速，光线能促进产生菌核。菌核在适合条件下就会萌发，无休眠期，在不良条件下可以休眠，菌核在土壤中能存活5～6年，在低温干燥的条件下存活时间更长。

（三）发生规律

白绢病菌是一种根部习居菌，以菌丝体或菌核在土壤中或病根上越冬，第二年温度适宜时，产生新的菌丝体。病菌在土壤中可随地表水流进行传播，菌丝在土中蔓延，侵染植株根部或茎基部。病菌喜高温，高温高湿是发病的重要条件，病害多发生在高温多雨季节，气温上升至30℃左右时为发病盛期。气温30～38℃，经3天菌核即可萌发，再经8～9天又可形成新的菌核。在酸性至中性的土壤和沙质土壤中易发病；土壤湿度大有利于病害发生，特别是在连续干旱后遇雨可促进菌核萌发，增加对寄主侵染的机会；连作地由于土壤中病菌积累多，苗木也易发病；在黏土地、排水不良、肥力不足、苗木生长纤弱或密度过大的苗圃发病重。茎基部受日灼伤的苗木也易感病。

（四）防治方法

1.农业防治　选择土壤肥沃、土质疏松、排水良好的园地。对轻病植株可挖开茎基处土壤，晾晒数日，或撒生石灰进行土壤消毒。在苗木生长期要及时施肥、浇水、排水、中耕除草，促进苗木旺盛生长，提高苗木抗病能力；夏季要防暴晒，减轻灼伤危害，减少病菌侵染机会。冬季要深翻改土，清除病残体，减少田间越冬菌源；提倡施用秸秆腐熟剂菌沤制的堆肥或腐熟有机肥，改善土壤通透条件，增加有益微生物菌群。

2.化学防治　在发病初期可用微生物菌剂枯草芽孢杆菌稀释800～1 000倍，或丰治根保稀释600～800倍，或1%硫酸铜溶液，浇灌病株根部；或用25%福美双·克百威·萎锈灵可湿性粉剂50克，加水50千克，浇灌病株根部；也可每公顷用20%甲基立枯磷乳油750毫升，加水750千克，每隔10天左右喷1次。

五、其他病害

（一）叶斑病

有几种真菌引起的不同叶斑病。主要危害幼苗和幼树的叶片。这些病害发生后，病斑大小不一，形态各异，但中后期均可见分生孢子；病叶大多变褐枯死。

（二）褐根病

真菌病害。感病植株长势衰弱，渐枯死。病根表面沾泥沙多，凹凸不平，不易洗掉；有铁锈色、疏松绒毛状菌丝和薄而脆的黑色革质菌膜。病根干腐而脆，剖面有蜂窝状褐纹。

（三）花叶病

花叶病常见危害面包果实生苗，发病率较低。病苗嫁接健康接穗5个月后，接穗抽出的叶片表现正常，而病株抽出的新叶仍表现为黄绿相间的花叶症状。

（四）裂果病

裂果病常见于近成熟的果实，多表现为纵向开裂，少数为横向开裂。在7～9月的果熟期，久旱遇雨或久雨骤晴，温度和湿度的剧烈变化容易诱发生理性裂果病。

（五）缺素症

由于营养元素或微量元素缺乏引起。表现为生长缓慢。缺氮时，影响开花结果，有果也不会成熟，叶片呈黄色，甚至落叶、落果。缺磷时，症状和缺氮一样，同时果实品质差，口感酸。缺钾时，叶的末端黄褐色或灰色，而且叶片小，结的果也小，经常不成熟。缺镁时从老叶开始叶脉间缺绿，影响光合作用（图6-8）。因此，在施肥时，氮、磷、钾等元素要合理施用，最好施用复合肥。

对于上述零星发生的病害，以综合防治措施为主。即在做好各项田间管理措施基础上，结合药剂防治，确保丰产稳产。

（1）加强栽培管理，增施有机肥、钾肥，及时排灌，增强树势，提高植株抗病力。

（2）搞好田园卫生，及时清除病枝、病叶、病果集中烧毁，冬季清园。

（3）适时喷药控制。病害发生初期，针对不同的病原菌，选择适当的药剂防治。

图6-8　缺镁症状

第二节　主要害虫及防治

一、桑粒肩天牛

（一）分类地位

桑粒肩天牛（*Apriona germari*）属于鞘翅目，天牛科。

（二）形态特征

成虫体长26～51毫米。全体黑褐色，密被绒毛，一般背面绒毛青棕色，腹面绒毛棕黄色，有时背腹两面颜色一致，均为青棕黄色，颜色深淡不一。头部中央具纵沟；沿复眼后缘有2行或3行隆起的刻点；雌虫的触角较身体略长，雄虫的则超出体长2～3节，柄节端疤开放式，从第三节起，每节基部约1/3灰白色；前唇基棕红色。前胸背板前后横沟之间有不规则的横皱或横脊线；中央后方两侧、侧刺突基部及前胸侧片均有黑色光亮的隆起刻点。鞘翅基部饰黑色光亮的瘤状颗粒，占全翅1/4～1/3强的区域；翅端内外角均呈刺状突出（图6-9）。

卵椭圆形，稍扁平，弯曲，长6～7毫米，初产时黄白色，近孵化时淡褐色（图6-10）。

幼虫体圆形，略扁，老熟时体长约70毫米，乳白色。头部黄褐色。前胸背板骨板化区近方形，前部中央呈弧形突出、色较深，表面共有4条纵沟，两侧的在侧沟内侧斜伸、较短，中央1对较长而浅；沟间隆起部纵列圆凿点状粗颗粒，前几排较粗而稀、色深，向后渐次细密、色淡。腹部背面步泡突扁圆形，具2条横沟，两侧各具1条弧形纵沟，步泡突中间及周围凸起部均密布粗糙细刺突；腹面步泡突具1条横沟，沟前方细刺突远多于沟后方的中段（图6-11）。

蛹体长约50毫米，淡黄色。

图6-9　桑粒肩天牛成虫

图6-10　桑粒肩天牛卵及卵室

（三）危害特征及发生规律

桑粒肩天牛2～3年完成1代，以幼虫在树干内越冬。幼虫经过2个冬天，在第三年6～7月，老熟幼虫在隧道最下面1～3个排粪孔上方外侧咬一个羽化孔，使树皮略肿起或破裂，在羽化孔下70～120毫米处作蛹室，以蛀屑填塞蛀道两端，然后在其中化蛹。成虫羽化后在蛹室内静伏5～7天，然后从羽化孔钻出，啃食枝干皮层、叶片和嫩芽。生活10～15天开始产卵。产卵前先选择直径10毫米左右的小枝条，在基部或中部用口器将树皮咬成U形伤口，然后将卵产在伤口中间，每处产卵1～5粒，一生可产卵100余粒。

成虫寿命约40天。卵经2天孵化。幼虫孵出后先向枝条上方蛀食约10厘米长，然后调转头向下蛀食，并逐渐深入心材，每蛀食5～6厘米便向外蛀一排粪孔，由此孔排出粪便（图6-12）。排粪孔均在同一方位顺序向下排列，遇有分枝或木质较硬处可转向另一边蛀食和蛀排粪孔。随着虫体长大，排粪孔的距离也愈来愈远。幼虫蛀道总长2米左右，有时可下蛀直达根部。一般情况修蛀道较直，但可转向危害。幼虫多位于最下一个排粪孔的下方。越冬幼虫如遇蛀道底部有积水则多向上移，虫体上方常塞有木屑，蛀道内无虫粪。排粪孔外常有虫粪积聚，树干内树液从排粪孔排出，常经年长流不止，严重时可见红褐色液体流出（图6-13）。树干内如有多头幼虫钻蛀，常可导致干枯死亡。

图6-11　桑粒肩天牛幼虫

图6-12　天牛危害症状

图6-13　天牛危害严重症状

（四）防治方法

1.农业防治　加强栽培管理，增强树势，提高树体抗虫能力。加强检疫，移苗时选择壮苗，防止移栽带有卵、幼虫、蛹和成虫的苗木。在果园或周围放

置诱木（如桑树和柞树），吸引桑天牛啃食和产卵，同时高峰期可对诱木喷洒农药杀灭，以保护果树。

2. 物理防治 每年5月之前用生石灰与水按1∶5的比例配制石灰水，对树干基部向上1米以内树体进行涂白。每年5～7月成虫产卵高峰期可经常巡视树干，及时捕杀成虫；发现树干上有小量虫粪排出时，应及时清除受害小枝干，或用铁丝在新排粪孔进行钩杀；在海南民间，常有栽培者用当地产的白藤刺倒着伸进蛀道钩杀，效果也很明显。

3. 化学防治 低龄幼虫在韧皮部危害而尚未进入木质部时，可用90%敌百虫100～200倍液喷涂树干，或用速扑杀1 000～1 200倍液喷施树干；在主干发现新排粪孔时，可用注射器注入5%高效氯氰菊酯乳油或10%吡虫啉可湿性粉剂100～300倍液，或用蘸有药液的小棉球塞入新排粪孔内，并用黏土封闭其他排粪孔。

4. 生物防治 桑粒肩天牛成虫喜欢在树干上爬行，成虫发生期在树干上绑缚白僵菌粉，可使成虫感染致死。

二、黄翅绢野螟

（一）分类地位
黄翅绢野螟（*Diaphania caesalis*）属于鳞翅目，螟蛾科。

（二）形态特征
成虫体长约1.5厘米，虹吸式口器，复眼突出、红褐色，触角丝状。胸部有2条黑色横纹；前翅三角形，有2个瓜子形黄斑，斑的周围有黑色的曲线纹，黄斑顶部有1条槽形黄色斑纹，在翅的近肩角处有2条黑色条纹，近顶角处有1个塔状的黄斑；后翅有2块楔形黄斑，顶角区为黑色。足细长，前足的腿节和转节为黑色，中、后足长均为1.2厘米左右，中足胫节有2条刺，后足也有2条刺，腹部节间有黑色鳞片，第一、二、三节均有1个浅黄色的斑点，腹部末端尖削且有黑色的鳞片。雌成虫虫体较雄成虫大，前翅靠近肩角的瓜子形黄斑中略近前缘处有一明显的"1"字形黑色斑点；腹部相对雄成虫肥大，末端钝圆，外生殖器交配孔被有整齐较短的黄棕色毛簇，背面毛簇明显长于腹面（图6-14左）。雄成虫体较雌成虫小，前翅靠近肩角的瓜子形黄斑中略近前缘处无"1"字形斑点，或有微弱点状印迹；腹部较瘦小，末端狭长，外生殖器交配孔的周围被有整齐较长的黑色毛簇，静止时其阳具藏于腹部，受到雌成虫释放的性信息素刺激或腹部受到挤压时，腹部末端的抱器瓣会叉开，阳具外突（图6-14右）。

卵白色椭圆形，扁平，表面有网状纹，散产或聚产成卵块，覆瓦状排列。

幼虫共分为5个龄期，1龄幼虫仅有约1毫米，头部为黑色，其余部位淡黄色，老熟幼虫体长可达1.8厘米，柔软，头部坚硬呈黄褐色，唇基三角形，额很狭，呈"人"字形，胸和腹的背面有两排大黑点，黑点上长毛。前胸盾为黄褐色，胸足基节有附毛片，腹足趾钩二序排列成缺环状，臀板黑褐色。

蛹长1.5厘米左右，幼虫化蛹经历预蛹期到蛹期，蛹期开始为浅褐色，后变为黑褐色，表面光滑，翅芽长至第四腹节后缘，腹部末端生有钩刺，足长至第五腹节。

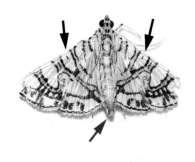 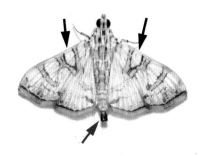

雌成虫　　　　　　　　　　　　　　　雄成虫

图6-14　黄翅绢野螟成虫

（三）危害特征及发生规律

黄翅绢野螟在海南全年都有发生，4～10月为幼虫盛发期。雌成虫产卵于叶背面、嫩梢及花芽上（图6-15），初孵幼虫取食叶片下表皮及叶肉，仅留上表皮，使叶片呈灰白透明斑。虫龄增大到3龄后食量也随之增大，转而取食嫩梢、花芽及正在发育的果实，致使嫩梢萎蔫下落、幼果干枯、果实腐烂。危害新梢时，取食嫩叶和生长点，排出粪便，并吐丝把受害叶和生长点包住，影响植株生长；幼虫危害果实时，可沿表皮一直钻蛀到种子，利用排出的粪便堵住孔道来保护自己免受天敌捕食，但其排出的粪便可使果蝇的幼虫进入取食果肉，使果实受害部分变褐腐烂，严重时导致果实脱落，造成减产；危害嫩果柄时则从果蒂进入，然后逐渐往上，粪便排在孔内外，引起果柄局部枯死，影响果品质量（图6-16、图6-17）。

图6-15 危害嫩梢

图6-16 危害嫩果

图6-17 危害成熟果实

（四）防治方法

1.农业防治　挂果前期，及时修剪有危害的嫩梢及花芽，集中清除销毁，可大大减轻下一年的虫口数量。幼虫蛀果取食初期，拨开虫粪便，用木棍沿着孔道将其杀死。果实采收后，将枯枝落叶收集烧毁，可降低下代虫口基数。

2.物理防治　果实授粉后采用尼龙网进行果实套袋达到防治效果。

3.化学防治　用药关键期为第一代幼虫期，选用触杀和胃毒作用的药剂，每10天进行全园喷药，如50%杀螟硫磷乳油1 000～1 500倍液、40%毒死蜱乳油1 500倍液、2.5%溴氰菊酯乳油3 000倍液等，在发生初期用甲维·联苯菊酯1 000～1 500倍液防治，严重时用40%毒死蜱乳油1 000～2 000倍液每隔7～10天喷施1次，连续喷施2～3次。

4.生物防治　选用16 000IU/毫克苏云金杆菌可湿性粉剂800倍液，或用植物源农药1%印楝素乳油750倍液、2.5%鱼藤酮乳油750倍液、3%苦参碱水剂800倍液进行喷雾。

三、暗翅足距小蠹

（一）分类地位

暗翅足距小蠹（*Xylosandrus crassiusculus*）属于鞘翅目，象甲科。

（二）形态特征

雌虫体长2.10 ～ 2.90毫米，体宽1.05 ～ 1.10毫米，成熟虫体红棕色，粗壮。头冠隐于前胸背板内，额部平隆，底面有线状密纹，刻点不明，有突起的细窄条脊；有中隆线，长直狭窄。前胸背板短盾形，长小于宽，长宽比约为0.9。瘤区和刻点区各占背板长度的一半。小盾片甚大，长三角形。鞘翅前半部光亮，刻点沟不凹陷，沟中刻点微小，点底色深，成为黑色点列；沟间部宽阔，刻点微小，与鞘翅同色，均匀散布，不分行列。鞘翅后半部表面粗糙，晦暗无光，刻点突起成粒，大小不等，均匀稠密地散布，不分行列。各沟间部高低一致，尾端翅缝处稍许尖突。鞘翅的绒毛仅分布在后半部的晦暗面上，有长和短两种，各自成列，高低间错地排列在翅面上。

（三）危害特征及发生规律

暗翅足距小蠹（图6-18）侵入面包果树主干部分，在侵入孔处排出粉末状木屑，暗翅足距小蠹危害状见图6-19。若侵入时携带了病原菌，还会呈现腐烂症状，一段时间过后，面包果树上部叶色枯黄，逐渐枯萎（图6-20）。

暗翅足距小蠹一般以成虫在枯枝落叶堆、树干或断枝内越冬。待第二年气温渐升后的2 ～ 3月，越冬成虫开始活动，并寻找新寄主入侵。与雄虫交配

图6-18　暗翅足距小蠹成虫

图6-19　暗翅足距小蠹危害状

后，雌虫在新蛀的坑道内产卵，卵经孵化后，幼虫与雌成虫一起生活在坑道内，直到子代扬飞。第一代子代生活周期约为40天，5月中旬，第一代子代成熟后扬飞，寻找新寄主入侵。其发生代数一般为1年3～5代，甚至更多，每代发生数量较大。

图6-20　暗翅足距小蠹危害后整树枯死

（四）防治方法

暗翅足距小蠹除扬飞期寻找新寄主外出活动以外，其余大部分时间都隐藏在树木木质部中，而且其侵入孔会被蛀屑堵住，使用传统的化学防治方法很难防治。加之暗翅足距小蠹个体较小，难以准确鉴定，在害虫监测和调查时也容易被忽略。基于此，可采用以下方法进行防治。

1.农业防治　及时清除园区枯枝烂叶及修剪之后的枝条，保持园内整洁；在3月成虫刚活动时期，采伐少许衰弱木放置于园子周围，诱集成虫。另外，分别在5月和7月再诱集一次扬飞的子代成虫，待其下一子代未扬飞前，集中处理诱木，可大大减少虫口数量，有效防止虫口大发生。

2.物理防治　悬挂酒精及其类似物引诱，辅助在引诱器附近悬挂525纳米的LEDs和395纳米的UV绿色光源灯，能产生良好的引诱效果。

3.化学防治　对受害轻微的树体，采取树干注药配合树干、枝周围（从上到下）全面喷施农药方式进行防治。农药选用5%高效氯氟氰菊酯水乳剂1 500 ～ 2 000倍液或25%吡虫啉悬浮剂1 500 ～ 2 000倍液进行喷雾，于早上9：00以前或下午5：30以后喷施。

4.生物防治　利用巴西安白僵菌（*Beauveria bassiana*）GHA菌株感染暗翅足距小蠹，使其被真菌寄生而达到防治效果，而且白僵菌能有效抑制其食物共生真菌的生长。

四、橘小实蝇

（一）分类地位

橘小实蝇（*Bactrocera dorsalis*）属于双翅目，实蝇科。

（二）形态特征

一般成虫体长7 ～ 8毫米，翅透明，翅脉黄褐色，有三角形翅痣。全体深黑色和黄色相间。胸部背面大部分黑色，但黄色的U形斑纹十分明显。腹部黄色，第一、二节背面各有一条黑色横带，从第三节开始中央有一条黑色的纵带直抵腹端，构成一个明显的T形斑纹。雌虫产卵管发达，由3节组成。卵梭形，长约1毫米，宽约0.1毫米，乳白色。幼虫蛆形，类型为无头无足型，老熟时体长约10毫米，黄白色。蛹为围蛹，长约5毫米，全身黄褐色。卵白色，椭圆形，扁平，表面有网状纹，散产或聚产成卵块，覆瓦状排列。

（三）危害特征及发生规律

橘小实蝇在海南全年都有发生，无明显越冬现象，田间世代发生叠置。成虫羽化后需要经历较长时间补充营养（夏季10 · 20天，秋季25 ～ 30天，冬季3 ～ 4个月）才能交配产卵。卵产于将近成熟的果皮内，每处5 ～ 10粒不等。果实表面会呈现黑色的色斑，但由于果实还未成熟，果肉尚硬，肉眼很难判断是否已经遭橘小实蝇危害（图6-21）。每头雌虫产卵400 ～ 1 000粒。卵期夏秋季1 ～ 2天，冬季3 ～ 6天。幼虫孵出后即在果内取食危害（图6-22），被害果常变黄早落；即使不落，其果肉也必腐烂不堪食用，对果实产量和质量影响极大。幼虫期夏秋季7 ～ 12天，冬季13 ～ 20天。老熟幼虫脱果入土化蛹，深度3 ～ 7厘米。蛹期夏秋季8 ～ 14天，冬季15 ～ 20天。

（四）防治方法

1.农业防治　随时捡拾虫害落果，摘除树上的虫害果一并销毁。切勿浅埋，以免害虫仍能羽化。严防幼虫随果实或蛹随园土传播。

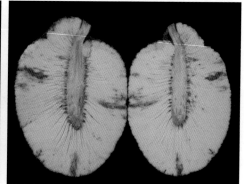

图6-21　橘小实蝇幼虫危害果实　　　　图6-22　橘小实蝇幼虫危害果实内部

2.**物理防治**　在果园植株间悬挂黄色或蓝色粘虫板，每公顷挂置300～450片，待粘虫板粘满后及时进行更换。配合果实套袋效果更佳。

3.**化学防治**　①红糖毒饵。在90%敌百虫的1 000倍液中，加3%红糖制得毒饵，喷洒树冠浓密荫蔽处，隔5天1次，连续3～4次。②甲基丁香酚引诱剂。将浸泡过甲基丁香酚（即诱虫醚）加3%马拉硫磷溶液的蔗渣纤维板小方块悬挂于树上，每平方千米50片，在成虫发生期每月悬挂2次，可将小实蝇雄虫基本消灭。③水解蛋白毒饵。取酵母蛋白1 000克、25%马拉硫磷可湿性粉剂3 000克，兑水700千克，于成虫发生期喷雾树冠。④地面施药。于实蝇幼虫入土化蛹或成虫羽化的始盛期用50%马拉硫磷乳油或50%二嗪农乳油1 000倍液喷洒果园地面，每隔7天左右1次，连续2～3次。

五、茶角盲蝽

（一）分类地位

茶角盲蝽（*Helopeltis theivora*）属于半翅目，盲蝽科。

（二）形态特征

卵形似香肠，长约1.5毫米，宽约0.4毫米，顶端着生2条平行不等长的白色刚毛，毛端稍弯，毛长分别约为0.7毫米和0.5毫米。卵初产时为白色，后渐转为淡黄色，临孵化时呈橘红色（图6-23）。

初孵若虫橘红色，小盾片无突起。2龄后，随龄期增加，小盾片逐渐突起。各龄若虫盾片长度：2龄约0.2毫米，3龄约0.5毫米，4龄0.8～1毫米，5～6龄约1.2毫米，体色浅黄至浅绿色。形似成虫，但无翅。老熟若虫长4～5毫米，足细长，善爬行（图6-24）。

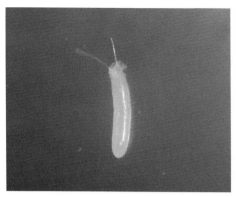

图6-23 茶角盲蝽卵

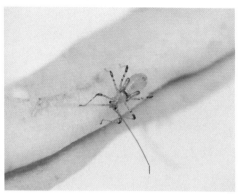

图6-24 茶角盲蝽若虫

　　成虫体褐色或黄褐色。雄虫体长4.5～5.5毫米，雌虫体长5.0～6.0毫米。头小，后缘黑褐色；复眼球状，向两侧突出，黑褐色。前翅部分革质、部分透明，膜质部分灰黑色具虹彩，并伸出腹末2毫米左右。触角丝状，4节，长达虫体长的2倍。喙细长，浅黄色，末端浅灰色，伸至后胸腹板处。中胸褐色，背腹板橙黄色，小盾片后缘呈圆形，其前部变成一直立的棒槌状突起，长约1.5毫米，下半部向下端渐大，占小盾片的大部分，呈褐色，上半部向上端渐小，呈黄褐色，顶端膨大呈倒圆锥体，黑褐色。腹部淡黄至浅绿色。雌虫腹末3节腹面为生殖器，黑色，产卵管倒钩向前陷入腹部；雄虫腹末端橙黄色比末腹节稍大。足细长，黄褐至褐色，其上散生许多黑色小斑点（图6-25、图6-26）。

图6-25 茶角盲蝽雌成虫

图6-26 茶角盲蝽雄成虫

（三）危害特征及发生规律

若虫和成虫在海南地区可终年危害面包果嫩梢、花枝及果实。嫩梢、花枝及果实被害后呈现多角形或梭形水渍状斑，斑点坏死，嫩梢干枯；幼果被害后呈现圆形下凹水渍状斑并逐渐变成黑点，最后皱缩、干枯；较大果实被害后果壁上产生许多疮痂，影响外观及品质（图6-27）。被害严重的种植园，外观似火烧景象，颗粒无收。

图6-27　茶角盲蝽危害幼果症状

（四）防治方法

1.**农业防治**　合理密植、合理修剪，避免植株过度荫蔽；清除园中杂草灌木，对周边园林绿化植物、行道树等及时整枝疏枝使其通风透光，形成不利于盲蝽生长繁殖的环境条件。

2.**物理防治**　果实授粉后采用尼龙网进行果实套袋达到防治效果。

3.**化学防治**　每年10～12月为盲蝽繁殖盛期，在此期间定期调查果园盲蝽发生情况是防治工作的关键，必须及时掌握虫株危害情况，及时喷药灭虫。在盲蝽发生盛期喷施4.5%高效氯氰菊酯1 500倍液或48%毒死蜱乳油3 000倍液进行防治。

六、粉蚧

（一）分类地位

危害面包果的粉蚧主要有黄吹绵蚧（*Icerya seychellarum*）和双条拂粉蚧

（*Ferrisia virgata*），均属于半翅目，粉蚧科。

（二）形态特征

黄吹绵蚧，也称银毛吹绵蚧，见图6-28。雌成虫体长4～6毫米，橘红或暗黄色，椭圆或卵圆形，后端宽，背面隆起，被块状白色绵毛状蜡粉，呈5纵行：背中线1行，腹部两侧各2行，块间杂有许多白色细长蜡丝，体缘蜡质突起较大，长条状淡黄色。产卵期腹末分泌出卵囊，约与虫体等长，卵囊上有许多长管状蜡条排在一起，貌似卵囊呈瓣状。整个虫体背面有许多呈放射状排列的银白色细长蜡丝，故名银毛吹绵蚧。触角丝状，黑色，11节，各节均生细毛。足3对，发达，黑褐色。雄成虫体长3毫米，紫红色；触角10节，念珠状，球部环生黑刚毛，前翅发达，色暗，后翅特化为平衡棒，腹末丛生黑色长毛。卵椭圆形，长1毫米，暗红色。若虫宽椭圆形，砖红色，体背具许多短而不齐的毛，体边缘有无色毛状分泌物遮盖；触角6节，端节膨大成棒状；足细长。雄蛹长椭圆形，长约3毫米，颜色为橘红色。

双条拂粉蚧，又称丝粉蚧、条拂粉蚧或橘腺刺粉蚧等，见图6-29。雌虫体卵圆形，体色淡而亮，触角8节，体边缘深V形，仅具1对刺孔群；通常体表除背部中央外，覆盖白色粒状蜡质分泌物，沿背部具2暗色长条纹，无蜡状侧丝，但尾端有2根长蜡丝，可达体长的一半。本种在斑纹及个体大小上与扶桑绵粉蚧相近，但本种尾部的蜡丝较长，腹部的斑纹呈长条形而区分。

图6-28　黄吹绵蚧

图6-29　双条拂粉蚧

（三）危害特征及发生规律

面包果苗期易受粉蚧危害，且粉蚧常和蚂蚁互利共生，造成幼苗长势衰弱（图6-30）。若虫孵化盛期为5月中下旬、7月中下旬和8月下旬。若虫发育期，雌虫为35～50天，雄虫为25～37天。雄若虫化蛹于白色长形的茧中。每头雌成虫可产卵200～400粒，成虫和若虫多聚集在幼芽、嫩叶、嫩枝上危害（图6-31）。

（四）防治方法

1.化学防治　少量发生时，可用毛刷刮掉或喷洒洗衣粉剂；在若虫分散转移期，分泌蜡粉形成介壳之前喷洒10%高效氯氟氰菊酯乳油1 000～2 000倍液、杀螟硫磷或稻奉散乳油1 000倍液，如用含油量0.3%～0.5%柴油乳剂或黏土柴油乳剂混用，对已开始分泌蜡粉介壳的若虫有很好的杀伤作用，可延长防治适期，提高防效。

2.生物防治　注意保护和引放天敌。如瓢虫和草蛉。

图6-30　双条拂粉蚧若虫与蚂蚁互利共生　　　图6-31　双条拂粉蚧卵和若虫

七、其他蛾类

（一）发生与危害

面包果苗期易受蛾类幼虫危害，包括新近危害面极广的斜纹夜蛾（图6-32、图6-33）。初孵幼虫可钻入叶片组织，取食叶肉。稍大即啃食叶的表皮及叶肉，残留一面表皮，形成透明斑。3～4龄幼虫食叶成孔洞或缺刻，严重时把叶片吃成网状，造成幼苗长势衰弱，易受病菌侵入。

（二）防治方法

1.农业防治　清除大棚四周杂草、枯株、落叶；经常巡查温室大棚周围，发现破损要及时修补，以防成虫飞入产卵；发现卵块或成群幼虫时，及时摘除并集中烧毁。

2.生物防治　用黑光灯诱杀成虫或性信息素诱杀雄蛾，也可用糖酒醋液诱杀成虫，配方为糖：醋：酒：水＝3：4：2：1。

3.化学防治　低龄幼虫抗药性弱且聚集危害，是最适防治的虫态。可于傍晚或清晨喷施氯虫苯甲酰胺、甲氨基阿维菌素苯甲酸盐、溴虫腈、茚虫威、阿维菌素、多杀菌素等药剂防治，交替轮换使用，以延缓抗药性产生。

图6-32　斜纹夜蛾幼虫取食叶片　　　　图6-33　斜纹夜蛾成虫

第三节　综合防治

一、防治原则

面包果病虫害防治原则贯彻"预防为主，综合防治"的植保方针，在实施综合治理时，要协调运用多种防治措施，做到以植物检疫为前提、以农业防治为基础、以生物防治为主导、以化学防治为重点、以物理防治为辅助，以便有效地控制病虫的危害。

二、防治措施

（一）植物检疫

植物检疫是通过法律、行政和技术的手段，防止危险性植物病、虫、杂草和其他有害生物的人为传播，保障农林业的安全，促进贸易发展的措施。是植物保护工作的一个方面，其特点是从宏观整体上预防一切（尤其是本区域范围内没有的）有害生物的传入、定植与扩展。

我国规定面包果进口的检疫对象目前有单带果实蝇（*Bactrocera frauenfeldi*）

和双带果实蝇（*Bactrocera albistrigata*）等。

（二）农业防治

农业防治是指通过耕作栽培措施或利用选育抗病、抗虫作物品种防治有害生物的方法，是综合防治的基础。其成本低，无杀伤天敌、产生抗药性和环境污染等不良作用。但需根据季节和地理位置因素因地制宜，灵活运用。其效果是累积的，具有预防作用。

1.培育壮苗 选用优良抗病品种、砧木，培育健康种苗，防止苗木和繁殖材料携带危险性或地区性的病虫害。

2.加强日常管理 园区四周种植防护林，防护林要选择与面包果没有共生性病虫害的树种。设置排水沟，做到及时排水不积水。及时修剪，清洁果园，减少果实伤口，减少病虫害源，增强树势，提高树体自身抗病虫害能力。

（三）物理防治

1.果实套袋 授粉后，在果实表面均匀喷洒常规低毒高效防病虫害药剂，药液干后进行套袋，直至果实成熟。此法能有效降低病虫害发生。

2.人工捕杀 面包果虫害多为钻蛀性昆虫，可在幼虫期对枝条进行修剪或用铁丝沿孔道钩杀幼虫。

3.树干涂白 每年4～5月天牛产卵前期用生石灰、硫黄粉和水按1∶2∶10的比例进行树干涂白，可防止天牛在树干产卵。

（四）化学防治

化学防治宜选用高效低毒低残留农药及生物源农药，如阿维菌素、噻嗪酮、高效氯氰菊酯、啶虫脒、石硫合剂、波尔多液、代森锰锌、咪鲜胺、多菌灵等。

（五）生物防治

生物防治一是利用释放天敌如寄生蜂、捕食螨等减少田间虫口数量，二是利用靶向害虫行为调节剂如性引诱剂、迷向剂等进行害虫的监测和防控，三是利用枯草芽孢杆菌、苏云金杆菌、白僵菌、绿僵菌等微生物菌剂配合水肥一起施用。

Chapter 7

第七章　面包果收获和加工

第一节　收　　获

一、果实成熟

面包果树产量取决于品种、树龄及管理条件等因素，盛产期优良品种单株年产量可达200个果实以上，300～500千克，每公顷年产量最大可达16～32吨。在非洲坦桑尼亚，有报告称面包果单株年产量最高可结900个果实，平均每株每年结果400个，在原产地的巴布亚新几内亚，盛产期每年可结果700个。面包果种植3～4年后即开始结果，8～10年后达到盛产期，可常年连续结果，但一般一年有2～3次收获。

一般来说，面包果从开花到果实成熟会经过100～120天，大约需要4个月。在海南兴隆，面包果在春末夏初的4～5月开花，8～11月为果实发育成熟期。可收获的面包果有如下特征：

（1）果实大小已达标，果皮上的凸起开始变平坦，果形饱满，表面干净。

（2）果实质地结实，斜按压有点软。

（3）果皮颜色黄绿色，暗淡，有胶液变干痕迹。

面包果幼嫩的果实也能采收食用，但一般成熟的果实口感风味更佳。果实发育的不同阶段形态见图7-1至图7-6。该果实发育阶段是根据生长于兴隆地区香饮所1号面包果生长过程而来，果园管理中上水平，水肥充足。不同品种、不同年份、不同季节、不同气候区域，果实生长发育时期会有变化。

如果从果肉方面对成熟度进行简单划分，可分为幼果阶段、半成熟阶段、成熟阶段和软化阶段。幼果阶段，果实表面呈现干净诱人的绿色至淡黄绿色，口感有点苦涩，果实较硬，切开果序轴流出大量白色胶液，果肉颜色为白色。一般1～10周的果实属于幼果阶段。半成熟阶段，果实表面呈黄绿色，果肉白色，切开颜色会慢慢变褐，果序轴流出少量白色胶液，此时可采收煮食。

11 ～ 13周的果实属于半成熟阶段。成熟阶段，果实表面呈橙黄色，切开果肉颜色有点淡黄，胶液少或无。14 ～ 15周的果实属于成熟阶段。半成熟阶段和成熟阶段的果实见图7-7。果实后熟软化时，果肉呈黄色（图7-8），可以直接食用，如奶油布丁般可口香甜，此时能闻到浓郁的果香味道。如果不注意采收，果柄带果序轴自行脱落，从树上掉落发酵腐烂，不耐储藏。

图7-1　1周的果实

图7-2　2 ～ 4周的果实

图7-3　5 ～ 8周的果实

图7-4　9 ～ 10周的果实

图7-5　11～13周的果实　　　　　　　图7-6　14～15周的果实

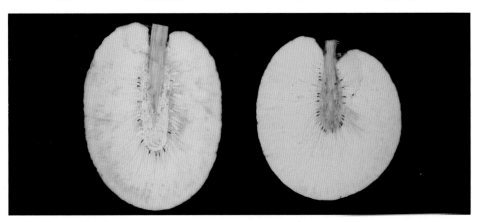

半成熟面包果纵切面　　　　　　成熟面包果纵切面

图7-7　果肉成熟度

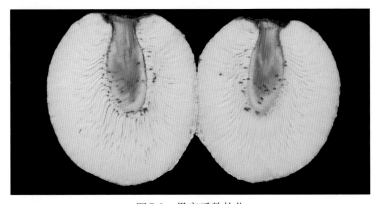

图7-8　果实后熟软化

二、采收方法

面包果宜在尚未成熟时采摘和出售。小心采摘和正确的采后处理是保证面包果质量的必要条件。落在地上的面包果比在树上采摘的果实更容易擦伤和软化，需要轻轻处理。果实在采收后迅速成熟变软，一般可储存1周。采摘和成熟度关系到果实的储运、风味和销售等环节。最好采收前做好准备工作，随采随运，就近销售。

面包果采收最佳时间在早上。国外采收面包果果实常用一种类似高枝剪的工具，下方套一个编织网袋，钩去或剪去果柄，果实掉在编织网袋中，这样采收较为方便。采用高强度的铝合金人字梯采收也非常实用，铝合金人字梯重量轻、携带方便并配有强固的防滑梯脚，能够在不平或粗糙的地块使用，安全性好。梯子尺寸从2米至6米，基本能满足面包果的采收要求。如果更高的树，只能采取人工攀爬方式采摘。果实表面美观，不干裂和软化，价格相对较高。

此外，在植株开花时，建议在种植园里挂牌，标注开花时间，以作为采收期有计划地分期分批采收果实的依据。

三、采后处理

面包果属呼吸跃变型果实，果实在采摘后2～3天迅速成熟，随后迅速变软，果肉变褐，品质下降。目前还没有很完善的面包果保鲜措施。为了延长保质期，应小心采摘，在采收现场及运输过程中应加碎冰块保存。另外，面包果采后应尽快分级处理，分级方法如下。

1. 集中存放　在果园内设收购点，用箩筐把果实装起来集中放置，然后把分散点的果实运到集中存放的仓库，或把产品集中存放在阴凉干燥的地方，注意不要堆放，避免压伤而烂果。

2. 清洗浸水　在存放处进行果实清洗，清除粘在果实上的泥土、污物，清洗果柄流出的胶液，然后浸泡在干净的水中，接着拿出，让果实自然风干，存放在架子上或平坦处。

3. 分级处理　面包果风干后，进行分类整理，目的在于把不宜出售的果实挑出，如伤果、烂果、果形或颜色不达标果等，以满足不同市场要求。

面包果分级基本按照尺寸（如直径）、成熟度、果形或果肉残缺等标准。在主产国，一些国家为了促进面包果的科学采摘和保存，成立了面包果种植户的合作组织，统一采收保存标准。如斐济面包果联合社制作了详细手册用于种植和销售出口的新鲜面包果。印度尼西亚东爪哇面包果商品中心的面包果按以下标准分为A、B、C三级。

A级：果直径大于15厘米，已有90%以上成熟度，果实完整。

B级：果直径13～15厘米，有75%～80%以上成熟度，果实完整。

C级：果直径小于13厘米，成熟程度不一致，有裂缝或破裂。

有些面包果按照果形分级虽然不能达标，但因其果实质地紧实味甜，规格适中，做成面包果薄片更胜于B级果。

4.包装　已经符合标准的面包果可根据需要选择用木箱、塑料盒或纸箱封装，如木箱可装30～40千克，纸箱可装50千克，或根据市场需要进行封装。包装的目的是为了保护果实，便于市场接受，外形美观以吸引消费者。

5.储运　进行储存的原因之一是催熟和加工前果实需要较长时间完整保存。要注意储存室的温度和湿度调节、空气流通甚至空气成分调节，以降低果实呼吸作用及抑制微生物生长。储存室温度应高于12℃且低于27℃，温度过高会导致果实迅速成熟，由青黄色变成黄褐色，温度过低则会导致果实冻害。

面包果从仓库到市场的一系列运输过程一般通过卡车、冷藏车等交通工具进行，重点是要减少面包果的机械损伤。装运时，最好用木箱、塑料盒等分装，每个面包果用软包装物包裹；货运运输过程中可加碎冰块，尽量避免长途运输中温度高、震坏。把面包果放入水箱中也可以延缓软化，在牙买加这是最流行的方法之一。新西兰要求进口面包果必须经过强制高温杀毒，并隔离处理杀死果蝇卵和幼虫，经过检验，再包装，并在15℃条件下装车和运输，在该温度下的面包果一般可以保存10天。

长期以来，在南太平洋岛屿地区，面包果结果旺季，一些新鲜成熟果实往往就地销售（图7-9），或将从树上摘来的成熟硕果放在石头上隔火烘烤再销售，这样可直接食用。用手掰开烤熟了的面包果时，乳白色果肉发出的阵阵香味扑鼻而来。这种烤制的"面包"，松软可口，酸中有甜，其风味很像商店里出售的面包（图7-10）。

烤熟剥皮销售，也可经海运到达邻近岛屿等地销售，但是鉴于面包果储运不便，难以远销，使产区以外的人们难有口福，也使面包果生产难以获得应有的经济效益，进而发展受限。

图7-9　果实就地销售

图7-10　果实烤熟剥皮销售

四、采后保鲜

为了使面包果种植者获得应有的经济效益，开展面包果采后保鲜研究是非常必要的。延长储藏期，将有助于面包果生产的发展，也是发展热区农业经济的一个良好途径。

国外一些学者为了延长面包果的货架期也开展了相关的研究，结果表明，在12℃以下保存时，果实出现冻伤。面包果经聚乙烯袋或保鲜膜包装，并在14℃低温下密封储藏，面包果能保存品质7～10天。

加勒比海地区以及萨摩亚、斐济、夏威夷的学者研究也表明，面包果采后处理非常重要，能使果实因为后熟而造成的损失降低50%。采后保鲜处理能延长保质期和保证质量。采用黄心面包果品种进行采后处理研究，首先在预处理和运输过程中使用冰块降温，在16℃的水中清洗，然后风干保存，或在聚乙烯袋包装密封后室温或冷藏保存。结果表明，在环境温度28℃条件下未经处理的果实只能持续2～3天就软化，而那些存储在水中的面包果保质期最长有5天，经聚乙烯袋密封后保质期有5～7天，打蜡的果实可以保质8天。和未经处理的比较，经包装的果实保质期明显延长。

经包装冷藏保存的果实25天内都是很硬的，显然冷藏延长了保质期。但过冷的温度会降低水果的品质及外观，导致果皮及果实收缩、变小。果皮褐变是一个表面问题，其果实本身仍然是非常适合烹饪和加工的。储存温度在8℃时，第四天果实表面开始出现褐化。冷藏保存的最适温度是12～16℃，包装和未经包装的果实保质期分别为14天和10天。打过蜡的果实在16℃下能够存储18天，从第十天开始出现一些褐化，但如果在5%二氧化碳、5%氧气环境中，能显著降低果实表面的褐变速度，保存期能延长至25天。显而易见，气调储藏能延长面包果的保质期，但成本较高，产区是否采用该种方法保存应根据具体情况而定。在储存保鲜方面的进一步研究将有助于扩大新鲜面包果远销到产区以外市场。

第二节　加　　工

面包果果实主要食用部位为硬的白色果肉，可食率大约75%。有些面包果含有零星几个种子也可食用，果皮可以打碎用作动物饲料。

面包果是太平洋地区传统的粮食作物，如夏威夷、斐济、萨摩亚、密克罗尼西亚、马克萨斯群岛等，其开发潜力与应用前景已受到世界范围内的广泛关注，*International Treaty on Genetic Resource for Food and Agriculture*一书中指出，面包果将成为全球范围内保障粮食供应的重要手段。

面包果可采摘后直接用于烹饪，也可加工成面包果片、果粉或淀粉用于制作多种食品。因其相对于稻谷、小麦等粮食作物更易栽培，在热带地区推广庭院种植，可增加家庭收益、提高粮食储备，对解决粮食安全问题具有重要意义。

一、直接利用

面包果直接利用和面包烹饪一样，是人们日常的一种食物，烹饪方法简单，食用方便。采收后，让白色的果胶流干，然后用刀把果皮削去，把果实切成4块，再把中间的果心清除，然后把果实切成小块或片（图7-11至图7-14），此时可把果实当做马铃薯一样，蒸或煮都可以，也可切片油煎，根据个人喜好加入盐、胡椒粉、大蒜等调料，松软可口，营养丰富。煮好的面包果块也可拿出装在保鲜袋中，冷藏或冷冻。

图7-11　削去果皮

图7-12　切去果心

图7-13　切块

图7-14　切片

面包果也可以放在烤箱中烤。果实切成片，不宜太薄，一般以0.6～0.8厘米为宜，面包片两面刷上融化的黄油或植物油，均匀地撒上一点椒盐，烤盘上垫上锡纸、吸油纸，放在烤盘中，烤箱预热150℃，然后面包果片入烤箱，

110 ~ 120℃，20 ~ 25分钟，面包果表面金黄但里面软糯，这个出炉的是烤面包果片（图7-15）。

微波炉加热也可以，具体方法是：面包果削皮切小块，放入盘中；取适量黄油微波炉加热化开，加入适量盐，葱蒜切末备用。盘中撒上蒜末，均匀倒入黄油或咖喱，用微波炉烧烤档加热，待快成熟时暂停一下撒上葱末，再加热完成即可。

在南太平洋岛国很多国家传统的菜肴中，特别是隆重的节日，一

图7-15 烤面包果片

些地方的居民常把去皮的乳猪、去皮的面包果、芋头直接放在烧烫石头上烤（图7-16），原始风味浓郁，面包果剥去烤干的表皮就可食用，充满岛国的异域风情；也常用木材把石头烧到滚烫，接着把面包果、芋头和腌制好的鱼、乳猪等用锡纸包住，放在石头上（图7-17），就地取材用香蕉叶盖住锡纸裹着的食材，用石头的热度焖熟及烹饪食材，这保持了食材的水分及本身味道，简单又营养。品尝当地具有独特风味的美食，这是南太平洋岛屿国家发

图7-16 烤面包果和芋头

图7-17 焖熟食材

展旅游消费，体验民族风情的重要环节，这特色家宴也是接待远方宾客的最高礼遇（图7-18）。

图7-18　萨摩亚特色家宴

在一些热带国家，面包果被当做粮食原料，在东马来西亚的沙巴，面包果被做成包装精美的零食在超市销售；在斐济，面包果经去皮、蒸煮、粉碎，连续发酵9个月成糊状，用来制作斐济人的面包"mandrai"，烤熟或蒸煮即可食用；在西印度群岛，人们把面包果当作一种名贵的菜肴，焙烤后磨成粉可用于咖喱或制成其他各种食品；斯里兰卡的饮食与印度相似，当地人以大米为主食，喜欢用富含淀粉的面包果、芭蕉花、茄瓜等材料煮成小碟的咖喱，用来拌米饭吃；在塞舌尔，常先把一些新鲜的面包果捣碎，和椰奶按照一定比例混合配置，然后再制作成各种好看的造型后加以烘烤，就是既好看又好吃的美味了，味道大多都是甜的。波利尼西亚人使用传统方法将面包果粉碎进行发酵，然后在炭火上烘烤，烤干的面包果可存放一年以上；密克罗尼西亚人用晒干的方式来储存面包果，鲜果洗净后放至变软，然后去皮去心，把果肉切成小块，放土堆里烤，烤过的果块被用棒槌敲碎，装进布袋晒干，这样做成的粉末呈褐色，当地人称"tipak"，再用香露兜叶包扎制成食材，可存放3年左右。

在海南省万宁市兴隆热带植物园的餐厅，每到园区面包果成熟的季节，厨师常用面包果做菜肴，面包果宴特色鲜明，颇受当地人及内地游客青睐；2019年10月三沙卫视《从海出发》栏目在兴隆热带植物园园区拍摄一期节目"美味的诞生"，将面包果采收及蜕变成美味面包的过程拍摄成节目，并科普介绍及宣传，让更多群众了解到面包果，颇受大家喜欢。下面简要介绍几道面包果美食制作方法。

（一）蒸面包块

采用成熟的面包果，材料主要包括，食用油，盐，清水及其他调料。制作方法：面包果洗净去皮去心，切成大小均匀的面包果块，将面包块放入蒸锅中蒸，出锅装盘，调味可根据个人喜好调配，搭配酸、甜、辣椒、胡椒粉、大蒜等酱料均可，松软可口（图7-19）。

图7-19　蒸面包块

（二）煎面包片

采用成熟的面包果，材料主要包括食用油、盐适量、清水、番茄酱或炼乳等蘸料。制作方法：面包果洗净去皮去心，切成约0.5厘米厚的果片，淡盐水浸泡10分钟，沥干，热锅少油，面包果下锅，两面煎至金黄色捞出摆盘，搭配番茄酱、炼乳或其他风味蘸料食用，外酥内软，散发天然面包香味，风味独特（图7-20）。

图7-20　煎面包片

（三）椰浆面包片

采用成熟的面包果，材料主要包括，食用油适量，盐适量，清水，老椰子。制作方法：先研磨制取椰浆，将椰子果肉磨碎后再进行压榨处理，得到的液体就是椰浆。采面包果，洗净去皮去心，切成0.5厘米厚的果片，淡盐水浸泡10分钟，水开上锅蒸熟，取出摆盘；椰浆大火煮沸，小火熬至略黏稠，淋在面包果片上，纯天然的椰香面包，充满海岛风情（图7-21、图7-22）。

图7-21　椰浆面包片（一）

图7-22　椰浆面包片（二）

（四）椒盐面包脆片

采用成熟的面包果，材料主要包括食用油、适量盐、椒盐粉，清水等。制作方法：面包果洗净去皮去心，切成薄片；淡盐水浸泡5分钟，沥干；油热后面包果片逐片下入油锅，炸至金黄色，捞出沥干油；撒上椒盐粉，摆盘食用。

（五）巧克力面包条

采用成熟的面包果，材料主要包括食用油、盐、白糖、清水、可可粉等。制作方法：面包果洗净去皮去心，切成长条状，油热后面包果条逐步下入油锅，炸至金黄色，捞出沥干油。另用锅放少许水，放入白糖加热成黏沙状，放入可可粉搅拌均匀，接着放入面包果条，让可可粉充分融合在面包果条上，即可捞出；巧克力味道的面包果条就可摆盘食用（图7-23）。

图7-23　巧克力面包条

（六）甜酱面包条

采用成熟的面包果，材料主要包括食用油、盐、清水、甜酱。制作方法：面包果去皮去心，切成食指粗细条状，沸水加少许盐煮3分钟，捞出沥干晾凉，放入冰箱冷冻保存。随吃随炸，起锅烧油，油热下冻面包条，炸至金黄色捞出，沥干油装盘，根据口味可撒少许盐，搭配甜酱食用（图7-24）。

图7-24　甜酱面包条

（七）拔丝面包块

采用成熟的面包果，材料主要包括食用油、盐、绵白糖、清水。制作方法：面包果洗净削皮去心，切成大小均匀的滚刀块，淡盐水浸泡10分钟，捞出沥干；热锅烧油至五成热，倒入面包块，小火慢炸，用漏勺轻轻推动，炸至金黄色捞出；将锅中油倒出，只留一点底油，倒入绵白糖，小火慢慢炒制，期间要用勺子不停地搅动，使白糖熔化均匀，慢熬至糖色转红、泡沫小而密、糖汁略黏稠即可，将面包块倒入锅中迅速翻炒，均匀裹上糖汁，出锅装盘（图7-25）。盘子上须提前抹一层食用油。

图7-25　拔丝面包块

（八）咖喱面包

采用成熟的面包果，材料主要包括食用油、盐、红洋葱、咖喱、椰浆。制作方法：把面包果切块，在锅中大火煮沸3～5分钟，捞出滤干，接着把咖喱煮熟，再把面包果块放入翻炒一下，入味即可（图7-26）。还常见的一道菜是素菜咖喱，直接把面包果块与豆角、茄子、黄瓜等蔬菜放入咖喱中煮，加点椰浆或其他喜欢的调料，出锅时撒上油炸的红洋葱，称"素菜咖喱面包"，这道菜在兴隆地区华侨家庭中很受欢迎，也是华侨人家传统的美食记忆（图7-27）。

图7-26　咖喱面包

图7-27　素菜咖喱面包

二、加工产品

面包果保鲜困难，不易远途运输，而且由于上市时间相对集中，市场上大多以鲜果及初加工产品为主，还谈不上深加工。目前我国面包果种植规模小，以果实当地销售为主。在国外萨摩亚、斐济、巴西、波多黎各以及喀麦隆也研发了面包果淀粉加工，但设备工艺简单，加工规模小；牙买加有生产盐水切片面包果罐头，也少量生产面包果粉和脆片，但工厂化加工仍然处于初级阶段。在原产地，具备规模加工能力的生产企业较少，产量有限，加工工艺落后，加工相对简单易行且节省成本，例如，果干加工主要采用干燥后磨粉为主，一种方法是，面包果切片或切碎，用太阳能烘干机、干燥机烘干（电动烘干机更节能），研磨成粗粉或面粉。传统的干燥方法是明火烘烤整个果实，之后切成小块，在火上烘干，这些果块有一点令人不愉快的烟熏味道。萨摩亚采用烘干法制作面包果粉，采收成熟的面包果，手工去皮，切片机切片后沸水烫漂30～60秒，冷却至室温，用烤箱60℃烘干，需要20～24小时，研磨过筛后即可包装出售（图7-28）。面包果面粉可以部分替代进口小麦粉，制作面包、蛋糕、糕点，也可以适当出口创收。

成熟的果实可以加工成美味的果片，或者和当地的一些水果一起加工成混合果片。在南太平洋岛地区或东南亚的印度尼西亚，也常见到用椰子油或植物油的油炸小食品出售，如面包果脆片（图7-28）。油炸食品对原果风味损失严重，且浪费较多能源，外观差，产品较难达到出口的相应标准。综上所述，开展面包果鲜果保鲜、果品深度加工技术研发与推广应用是下一步研究重点。

目前国外常见的初加工产品有面包果粉、面包果干和面包果淀粉等。据Akanbi等（2009）报道，与小麦淀粉相比，面包果淀粉具有更高的直链淀粉含量（22.52%），支链淀粉含量为77.48%。高直链淀粉含量食物有助于降低糖尿病和心血管疾病风险。面包果粉可做主要食材，可制作甜饼、蛋糕、馅饼等各式各样食品。

图7-28　面包果脆片

（一）面包果粉

制作方法：①成熟面包果削去果皮，洗净，控干水分；②把果实切成小片，加热5~10分钟以避免果片褐变，然后晒干；③把晒干的面包果片粉碎过筛，再晒干；④将晒干的面包果粉装袋保存。制作好的面包果粉可储存9个月，可作为粮食储备或用于销售（图7-29）。

图7-29　面包果粉

（二）面包果干

制作方法：①成熟面包果洗净去皮，用抹布清除表面果胶；②果实沿纵轴方向切成4块，去果心，然后切成薄片；③把面包果薄片铺在托盘或晾晒架上，在太阳下晾晒，每3小时翻晒切片1次，每天约晒7小时，连晒3天；④把晒干的面包果片装进容器储存。

（三）面包果淀粉

制作方法：①成熟的面包果洗净去皮；②果实切成4~5大块，用擦板擦丝或用料理机打碎，加入清水，反复搅拌，使淀粉分散于水中，过滤留滤液；③滤液静置沉淀，排干上清液，把沉淀的粉团晒至干；④晒干的粉块磨碎过筛，装入容器封存。

Chapter 8

第八章 面包果
利用价值及发展前景

面包果（面包树）为桑科波罗蜜属大型常绿乔木，是一种典型的多年生热带果树，叶大浓密，十分美观，可用作庭荫树、行道树、防尘树等。我国海南、广东、台湾均有种植，以海南万宁兴隆引种的无核品种最佳。面包果的果肉可以煎、蒸、煮、烤、炸等，味似面包或马铃薯，可用于制作面包果条、面包、蛋糕、馅饼等食品，煮排骨汤、炒蛋食用味道亦佳。种子可煮、烘炒或炸食，味香甜似板栗。木材轻盈耐用，具有防白蚁和海洋蠕虫的功效，广泛用于建屋和造船，也可用于制作碗筷、雕刻品以及家具等其他物品。面包果既是水果，亦是一种木本粮食，粮果兼用，具有良好的开发潜力和市场前景。

第一节 营养成分及利用价值

一、营养成分

面包果营养丰富，果肉及种子均富含蛋白质、碳水化合物、矿物质、维生素及膳食纤维。

根据国外研究资料，每100克面包果含蛋白质1.34克、脂肪0.31克、碳水化合物27.82克，以及钙、磷、铁、钾、维生素等营养成分。100克面包果粉的热量为1 380千焦，含蛋白质4.05%、碳水化合物76.70%，而100克木薯粉的热量为1 450千焦，含蛋白质1.16%、碳水化合物83.83%。与同为淀粉类食物的木薯相比，面包果的蛋白质含量更高。此外硬面包果的种子是一种富含蛋白质、钾、钙、磷和烟酸的重要资源，它在风味及质地上都与板栗极其相似，可以通过煮、烤、制作面粉或者磨成粉末加入食物等方式被食用。

对海南兴隆地区生产的面包果营养成分研究结果也表明，面包果具有丰富的蛋白质、维生素C、膳食纤维、淀粉和矿质元素等。研究表明，每100克

面包果鲜果中总糖、还原糖和维生素C含量分别为16.02克、0.82克和0.028克；面包果干样中蛋白质含量为4.25%、总膳食纤维为23.31%、淀粉含量为57.36%。鲜果中含有多种人体必需的矿物质，钙、镁、钠、铁、锌、锰、铜的平均含量分别为580.54毫克/千克、517.69毫克/千克、212.51毫克/千克、14.57毫克/千克、5.72毫克/千克、9.07毫克/千克、1.65毫克/千克。与相关研究结果对比发现，面包果维生素C和总膳食纤维含量丰富，明显高于甘薯、木薯和马铃薯；淀粉含量优于或者不亚于甘薯和马铃薯；矿物质钙、镁和锌的含量明显高于甘薯。

面包果中的维生素C是一般谷物中所缺乏的，是人体所必需的，且在人体内无法合成的。Nochera C将面粉、面包果粉和大豆蛋白混合制成复合粉，用来烘焙面包和饼干，得到的产品具有较优的质地和色泽，营养丰富。将面包果与主粮产品混合食用，不仅能最大限度地发挥其自身营养价值，还能提高小麦、大米、玉米等主粮的营养价值。面包果作为粮食作物，不仅能补充能量，也是维生素C的极佳来源。

面包果中含有丰富的被营养学界称为人体第七类营养素的膳食纤维。XYS-1号面包果营养分析发现，每100克面包果粉膳食纤维含量为23.31克，即每100克面包果鲜样中膳食纤维含量为5.196克，相当于米或者面粉的10倍以上，也明显高于甘薯和马铃薯。膳食纤维虽不能直接给人体提供营养，但却参与人体的一些生命活动，能令消化减慢，从而控制餐后血糖，同时具有促进排便、减少有毒物质在体内滞留时间、保证健康的作用。丰富的膳食纤维还能增加人体的饱腹感，减少大量食物的摄入，从而有利于保持身材健美。所以，在当今饮食越来越精细的情况下，富含膳食纤维和多种营养素的面包果有望开发利用成为功能食品。

面包果果肉和种子营养成分见表8-1和表8-2。

表8-1 面包果果肉的营养成分（每100克面包果果肉）

营养物	生[1]	生[2]	蒸[3]	煮[1]	烤[2]	生[4]	煮[4]
能量（千焦）	448	285～469	448～578	314	469～482	—	—
蛋白质（克）	1.5	0.8～1.4	0.6～1.3	1.3	0.6～1.3	—	—
碳水化合物（克）	23.6	17.5～29.2	25～33	14.4	29.9～30.2	—	—
脂肪（克）	0.4	0.3	0.1～0.2	0.9	0.2	—	—

（续）

营养物	生[1]	生[2]	蒸[3]	煮[1]	烤[2]	生[4]	煮[4]
纤维（克）	2.5	0.8 ~ 0.9	2.1 ~ 7.4	2.5	0.9	—	—
水（克）	72	67.6 ~ 79.4	65 ~ 73	81	66.5 ~ 67.2	—	—
钙（毫克）	25	19.8 ~ 36	10 ~ 30	13	23.2 ~ 26.4	—	—
铁（毫克）	1	0.33 ~ 0.46	0.4 ~ 1.1	0.2	0.36 ~ 0.52	—	—
镁（毫克）	24	26.4 ~ 41.1	20 ~ 30	23	23.1 ~ 46.2	—	—
磷（毫克）	—	26 ~ 29.7	18 ~ 41	—	26.4 ~ 32.1	—	—
钾（毫克）	480	224 ~ 354	283 ~ 437	350	283 ~ 339	—	—
纳（毫克）	1	4.2 ~ 10.4	13 ~ 70	1	4.9 ~ 6.6	—	—
锌（毫克）	0.1	0.07 ~ 0.1	0.07 ~ 0.13	0.1	0.07 ~ 0.17	—	—
铜（毫克）	—	0.06 ~ 0.1	0.04 ~ 0.15	—	0.04 ~ 0.10	—	—
锰（毫克）	—	0.04 ~ 0.07	0.04 ~ 0.08	—	0.03 ~ 0.07	—	—
硼（毫克）	—	0.50 ~ 0.54	0.09 ~ 0.19	—	0.51 ~ 0.72	—	—
维生素C（毫克）	20	18.2 ~ 23.3	2 ~ 12	22	14.1 ~ 15.4	—	—
硫胺素（毫克）	0.1	0.25 ~ 0.31	0.09 ~ 0.15	0.08	0.19 ~ 0.22	—	—
核黄素（毫克）	0.06	0.09 ~ 0.11	0.02 ~ 0.05	0.05	0.07 ~ 0.10	—	—
烟酸（毫克）	1.2	1.6 ~ 1.8	0.75 ~ 1.4	0.7	1.6 ~ 1.9	—	—
叶酸（微克）	—	—	0.67 ~ 1.0	—	—	—	—
β-胡萝卜素（微克）	24	—	8 ~ 20	30	—	48 ~ 140	1 ~ 868
α-胡萝卜素（微克）	—	—	—	—	—	10 ~ 14	5 ~ 142
β-隐黄质（微克）	—	—	8 ~ 11	—	—	1	<10
番茄红素（微克）	—	—	13 ~ 26	—	—	—	—

（续）

营养物	生[1]	生[2]	蒸[3]	煮[1]	烤[2]	生[4]	煮[4]
叶黄素（微克）	—	—	41～120			204～590	35～750
玉米黄素（微克）	—	—	—			60	10～70

资料来源：1. Dignan等，2004（品种无数据）；2. Meilleur等，2004（1个品种，2个地点）；3. Ragone和Cavaletto，2006（20个品种）；4. Englberger等，2007（14个水煮品种，2个生的）。

表8-2　面包果种子的营养成分（每100克面包果种子）

营养	生的[1]	水煮[1]	水煮[2]	烘烤[1]	烘烤[2]
水（克）	56.3	59.3	59	49.7	50
能量（千焦）	800	703	649	867	800
蛋白质（克）	7.4	5.3	5.3	6.2	6.2
碳水化合物（克）	29.2	32	27.3	40.1	34.1
脂肪（克）	5.6	2.3	2.3	2.7	2.7
纤维（克）	5.2	4.8	3	6	3.7
钙（毫克）	36	61	69	86	86
铁（毫克）	3.7	0.6	0.7	0.9	0.9
镁（毫克）	54	50	50	62	62
磷（毫克）	175	124	—	175	
钾（毫克）	941	875	875	1 082	1 080
纳（毫克）	25	23	23	28	28
锌（毫克）	0.9	0.83	0.8	1.03	1.0
铜（毫克）	1.15	1.07	—	1.32	—
锰（毫克）	0.14	0.13	—	0.16	—
维生素C（毫克）	6.6	6.1	6.1	7.6	7.6
硫胺素（毫克）	0.48	0.29	0.34	0.41	0.41
核黄素（毫克）	0.30	0.17	0.19	0.24	0.24
烟酸（毫克）	0.44	5.3	6	7.4	7.4

资料来源：1. 美国农业部，2007；2. Dignan等，2004。

二、利用价值

历史上南太平洋地区岛屿众多且零星分布，岛屿之间交通主要靠小船，极为不方便，是相对独立和闭塞的地区。在长期与居住环境的相互适应过程中，岛屿居民与面包果慢慢熟悉起来，他们利用面包果为其生存与生活服务，在衣、食、住、行、用等方方面面，发掘了面包果很多用途和利用方式。即使在现代生活水平得到极大提高的今天，面包果依然是岛屿居民的衣食所依和精神寄托。

1.食用价值　面包果是许多热带国家尤其是南太平洋岛国、加勒比海地区的传统主食。在汤加和萨摩亚，面包果、香蕉和芋头是当地居民的主要食品；瓦努阿图的传统主食是面包果、芋头等；图瓦卢的经济以农业为主，主要种植面包果、椰子和香蕉等；在基里巴斯，农业主要种植椰子，此外还有面包果、番木瓜和香蕉等。面包果幼果可煮食，味似朝鲜蓟心，也可以盐渍或浸泡。成熟果实削皮切片后，果肉可煎、煮、烘烤、油炸，味似面包或马铃薯，也可用于制作面包、蛋糕、馅饼、麻薯、果酱、果酒、果醋等食品，煮汤、炒蛋食用味道亦佳。成熟面包果经后熟软化，果肉可以直接食用，与优质的奶油布丁一样可口甜香。种子坚硬、肉质细密、味道香甜如板栗，可煮或烧熟食用，也可以做成浓汤。

在特立尼达和多巴哥、格林纳达非常盛行的"oil down"，便是由咸猪肉、面包果、椰子汁以及芋头叶烹饪的一种食物。在菲律宾，煮熟的面包果块跟椰子和糖一起制成糖果，据说这种糖可保存3个月左右。在西萨摩亚的乡村里，人们不用锅煮面包果，常常架起石头当炉灶，把石头烧烫了来烤熟面包果。在汤加的迎宾宴，对于远道而来的客人，汤加人都会准备各种各样的美食来招待，有面包果、芋头、芭蕉等。这种有趣的果实，味道鲜美，营养丰富，房前屋后都可以种植，是一种颇受群众喜爱的粮果。

2.工业价值　面包果是一种季节性作物，由于无规模化标准化种植，果实供应不稳定，目前其工厂化加工仍然处于初级阶段。牙买加有生产盐水切片面包果罐头，也有人生产少量面包果粉和脆片，经评价这种面粉可以替代浓缩小麦粉，作为速溶婴儿食品的基本原料。在巴西、波多黎各以及喀麦隆，已从果实中提取出淀粉，由于它的黏性和胶体性比较好，也可应用于造纸、纺织等工业生产上。

3.药用价值　面包果的各个部位均有药用价值，特别是汁液、树叶、树皮和树根。将汁液涂抹在皮肤上可治疗骨折及扭伤，将它制成绑带绑在背脊上可减轻坐骨神经痛；口服稀释的汁液可治疗腹泻、腹痛、痢疾。碾碎的树叶通常用于治疗皮肤病、耳朵感染以及鹅口疮等由真菌引起的疾病；在西印度群岛，

黄色的树叶可熬制成茶汤，具有降血压和减轻哮喘的功效，也可用于治疗糖尿病；在中国台湾，树叶用于治疗肝病及发烧。树皮也用于治疗头疼，研究表明树皮提取物对培养的白血病细胞、革兰氏阳性细菌具有抑制作用。树根具有很好的收敛作用，可用作通便剂，浸提后还可用作治疗皮肤病的药膏，树根提取物也具有抑制革兰氏阳性细菌的功效，在治疗肿瘤方面具有潜力。树皮和树根提取物还能有效防止紫外线对皮肤的损伤和降低皮肤表层菌类数量。此外，大鼠体内试验表明，面包果汁液能有效地清除DPPH和OH自由基，抗氧化能力强。

4.**木材用途**　金黄色的面包树木材轻盈而富有弹性，并且具有抗白蚁和海生蠕虫性能，因而被广泛用于造房和造船。在波利尼西亚地区，面包树木材被用于建造房屋和门以及独木舟，从制品的样式中可以看出波利尼西亚人是技艺高超的造船工匠，独木舟设有舷外浮子提升安全性能（图8-1）。夏威夷人一直是冲浪爱好者，面包果树干是制作冲浪板的上好材料。在萨摩亚，最好的房子，尤其是屋顶，都是用面包树木材建造，如果能避免直接淋雨，木材使用寿命可长达50年。此外，面包树木材也可用于制作碗、雕刻品、家具以及其他物品。

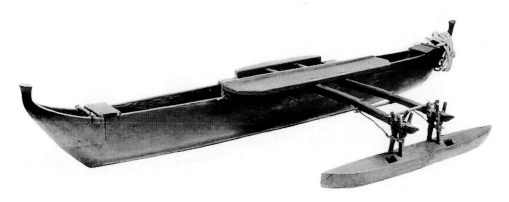

图8-1　独木舟（面包树木材）

5.**树皮用途**　面包树的树皮纤维可用来制作一种叫做"tapa"的树皮布料。传统上，这种布多用于一些重大事件，如婚事和祭奠仪式用的外衣，也用于制作被褥、斗篷、缠腰带和长袍。树皮纤维也可制作成非常结实的绳索，用作动物用挽具和捕捉鲨鱼的渔网。在塔希提岛，良好的面包树皮布是用于供奉的传统供品。

6.汁液用途　面包果的汁液有许多用途。枝干的汁液非常丰富，早晨割破树皮，然后在当天将风干的汁液收集起来，在南太平洋及加勒比海地区收集的汁液用来制作口香糖。萨摩亚人常用面包树的汁液填补船的缝隙使其不漏水，另外它也可以用于黏合画框的边沿。面包树的汁液还普遍用作粘鸟胶。在密克罗尼西亚的科斯雷岛，人们将此汁液与椰子油混合用于诱捕苍蝇。

7.叶与花用途　面包果的树叶被广泛用于包裹食物烹饪或直接盛放食物。干枯的托叶或老叶有些粗糙，夏威夷人用它们来将木珠和石栗果磨光做成项链或手链等饰品。在密克罗尼西亚的雅浦州，面包果树叶甚至还可用作岛礁鱼的诱饵。树叶营养丰富，适口性好，可作牛、羊、猪和马等家畜的青饲料（图8-2、图8-3）。在许多地区，雄花被腌制成渍品或蜜饯，将烘烤过的花涂抹在疼痛牙齿的牙龈周围，可减轻疼痛。在瓦努阿图和夏威夷，人们燃烧晾干的面包果雄花（图8-4）来驱蚊，与蚊香有异曲同工之妙。在夏威夷，花序还可用来制作一种黄色、棕褐色至棕色的染料。

图8-2　树叶喂猪（摄于密克罗尼西亚　杨虎彪提供）

图8-3　树叶喂羊

8.文化价值　在波利尼西亚、瓦努阿图、夏威夷、萨摩亚等地，面包果已经完全融入当地的各种文化艺术中，作为一种文化符号薪火相传。

（1）民间习俗　波利尼西亚有个传统习俗，每当一个家庭有小孩出生时，这个家庭就要为他（她）种下一株面包果，这样便可确保小孩一生无忧（图8-5）。这与我国云南傣族村寨的一个传统习俗类似，每当家庭生育一个孩子，就要为孩子种下15～20株铁刀木（铁刀木是优良薪材），确

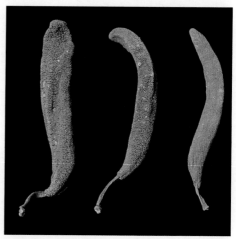

图8-4　晾干雄花序

保孩子有柴火烧。在波利尼西亚婚配嫁娶中存在这样一个有趣的传统，出嫁新娘的嫁妆中，面包果的树苗竟然是必需品之一。在萨摩亚有这样一个说法，当地男人在其一生中只要花1小时种下10株面包果，那么他将完成自身以及对下一代的职责。在马克萨斯岛，面包果的树干在古老的民族草裙舞仪式中起着重要作用，对岛民具有宗教意义；金黄色的木头，随着年份的增长会变深黄色，

制作成鼓，可敲出呼啦舞的基本节奏。

图8-5　种面包果寓意一生无忧（林民富油画）

（2）国徽与标识　在圣文森特和格林纳丁斯，面包果树叶印在这个岛国的国徽上，以彰显这种作物在当地的影响力（图8-6）。面包果也是美国夏威夷国家热带植物园面包果研究所的标志，印在植物园的园服及各类出版物上（图8-7），作为旅游商品出售，旅游文化氛围浓郁。在海南省万宁市兴隆热带植物园，面包果在园区特色鲜明，园区雕刻了面包果的印章，在植物园"植物打卡区"存放，游客能在包上或笔记本上加盖面包果图案作为旅游文化纪念，颇受欢迎（图8-8、图8-9）。在瓦努阿图岛国的餐厅，常看到面包果被印在餐桌上，以彰显其在饮食文化中的重要作用（图8-10）。

图8-6　圣文森特和格林纳丁斯国徽

图8-7 面包果标志Logo

图8-8 兴隆热带植物园面包果印章

图8-9 面包果印章图案

图8-10 面包果餐桌图案（瓦努阿图）

（3）书画邮票作品鉴赏 面包果特色鲜明，在没有相机的年代，植物绘画是记录及介绍植物、传播植物文化的良好载体（图8-11）；面包果也是艺术家眼中的美好对象，提起画笔让其展现在画板上，记录一段珍贵的生活画面或寓意美好愿景"面包会有的"（图8-12至图8-14）。此外，邮票是承载一个国家、民族的历史与文化，有"国家名片"之美誉，是一个民族文化印记的特殊载体，只有国家、民族引以为傲的题材才能上方寸。面包果常常能上原产地国家的邮票题材，在方寸之间体现着文化价值理念（图8-15至图8-20）。

（4）经典传颂 在夏威夷有一句谚语："杆子不长就够不到面包树果子"，这和我们的"站得高才能看得远"有异曲同工之妙。

图8-11　面包果手绘画

图8-12　波利尼西亚人采摘面包果（林民富油画）

图8-13　萨摩亚风情之面包果（林民富
油画）

图8-14　面包果（林民富油画）

图 8-15　面包果小型张邮票

图 8-16　牙买加面包果邮票

图 8-17　喀麦隆面包果邮票

图8-18　波利尼西亚面包果邮票

图8-19　斐济面包果邮票

图8-20　圣卢西亚面包果邮票

第二节　发展前景

面包果原产于热带，喜高温、湿润的环境，对土壤要求不严，但在土壤深厚肥沃、排水良好的轻沙地生长良好。在国外，多数面包果种植在南太平洋热带岛屿地区，海拔500米以下的低地，年降水量1 500 ～ 3 000毫米，pH6.0 ～ 7.5，温度21 ～ 32℃、最冷月平均温度不低于16 ～ 18℃、极端最低温度5 ～ 10℃的地区为面包果优势产区。由于海南岛位于北纬18°9′ ～ 20°11′之间，在琼海以南的广大区域，年平均温度23 ～ 28℃，年平均降水量1 200 ～ 2 600毫米，属于典型热带气候，光照时间长，热量丰富，雨量充沛，完全可以满足面包果的生长发育。且近几十年的引种试种结果表明，在兴隆面包果每年都能正常开花结果，面包果种植管理较粗放，对土壤肥力要求不严，是低投资、效益好的热带经济作物。一般种植面包果，3 ～ 6年就开始收获，面包果圈枝苗2.5年就开始有收获，6年左右进入盛产期，每公顷植300株，盛产期按株产果实50个、销售价格10元/个计，每公顷年产值可达十几万元，收获期可达50年以上，是一种具有较高经济价值的粮果作物。目前海南省热带特色高效农业面临产业转型，面包果为木本作物，粗生易管、种植方式灵活多样，无论山区、丘陵、平原或沿海地区均可栽培，也是绿化、美化乡村的好品种，可大力推广种植，助力乡村振兴战略。

近几十年来，面包果由民间组织从国外引进树苗，种植于海南省和广东省等地，在海南万宁兴隆房前屋后种植，虽具体品种名称不详，但多年引种试种还是能达到较高产量，在海南岛其收获期一般为9 ～ 11月，由于优良种苗匮乏，作物处于零星种植阶段，产量有限，一般看不到市场上出售面包果，因而未引起有关农业科技研究部门重视，至今尚未形成商业性栽培，严重阻碍了该作物产业的发展。目前仅在中国热带农业科学院香料饮料研究所种植基地有适度产业化种植并结出果实。

面包果早在3 000多年前就有栽培，在原产地其重要性仅次于土豆和木薯。研究马克萨斯岛原住民极为深入的美国学者E.S.C. Handy说："1 ～ 2棵面包树就足够提供一个人一整年所需的食物"。

海南省南部热区的气候条件与面包树原产地气候条件相似，光、热、水资源十分丰富，长夏无冬，有着最宝贵的热带作物（植物）资源，是我国热带旅游观光胜地，年接待海内外游客1 600多万人次，它除了有众多景点供游客参观之外，典型的热带水果是游客最想了解和学习的项目。此外面包果是优良的岛屿粮食作物，适合岛屿发展，如果大量发展种植业，将会促进岛屿旅游业的发展。因此，若进行面包果优良新品种引进及示范推广，通过混种不同品种以达到常年有果的最终目的，这有利于开辟粮食新资源，丰富包括三沙市在内的整个海南旅游消费市场，同时也是发展高附加值热带农产品的有效途径，且它可以跟山药、芋头等根茎类作物，特别与槟榔、椰子及咖啡等间作，对促进热区农业增效、农民增收，具有重要的现实意义。

面包果兼具热带特色粮食作物和特色果树的特点，营养价值高，具有丰富的蛋白质、维生素C、膳食纤维、淀粉和矿质元素等。此外随着海南省建设国际旅游消费中心、自由贸易试验区，新时代人们日益增长的美好生活需要对主粮、杂粮等的供给体系提出更高要求，从"吃得饱"转向"吃得好"，人们对营养和健康的食品需求越来越旺盛，具有绿色、健康和营养等多种特性的面包果，自然成为人们改善膳食结构的首选食品，对粮食的结构性需求更加多元、多样。游客对各种名、优、稀、特色粮果的需求与日俱增，健康、生态且营养丰富的面包果也将是大家最想了解和品尝的项目，因而，面包果产业具有很好的开发潜力和市场前景。对发展地方特色经济、实施乡村振兴战略具有现实意义。

在南太平洋的夏威夷、斐济、帕劳，以及印度洋的马尔代夫、毛里求斯、塞舌尔等世界海岛旅游区，面包果需求量不断增大，原因是当地的面包果菜肴颇受世界各地游客青睐，品尝当地具有独特风味的美食成为体验异国风情的重要环节。

当前面包果在我国可供种植的区域范围小，但种植方式灵活多样，可藏粮于树，是优质、稀有的热带作物品种，市场紧俏，是高端餐桌上的宠儿。可充分释放海南热带气候、区位优势，借国际旅游岛、深化现代服务业对外开发的自贸区（港）建设的东风，走"小而美""少而精"的高端特色产业发展道路，这对海南培育热带作物优良新品种、实现产业差异化和高质量发展至关重要。可适当发展，为我国热带特色高效农业和农村发展增加一种新兴作物种类。做强做优热带特色高效农业，服务乡村振兴战略，这是面包果产业在海南省发展的定位。

在我国发展面包果种植业，以下工作值得引起各方重视，并认真地进行策划与研究。

1. 继续引进优异种质资源，开展优良品种选育及配套种苗繁育技术研究　目前，在我国面包果种质资源还很匮乏，尚处在零星引种试种阶段，栽培品种品系繁杂，品质差异悬殊，具有开发潜力，尚未受到有关部门的重视。为解决这个问题，开展面包果优良品种引进和选育研究工作势在必行。此外，面包果是典型的热带木本粮食作物，对光热条件要求较高，在选育时，要注重抗寒品种的选育，推进品种培优。值得一提的是中国热带农业科学院将热带木本粮食作物作为该院重点拓展研究方向之一，这将为面包果产业今后的发展起到促进作用。此外，通过定向培育或通过砧木的选育及创新利用，逐步扩大面包果的适宜种植区域是下一步拓展方面。其一，在有种子的硬面包果中，有硬的白色果肉的类型，通过实生苗的定向引种驯化，利用实生苗对新环境有较大的适应性，逐级迁移，建立不同地区的过渡试验站，逐级驯化实生苗，最后有望获得适应引种地环境的合适面包果品种。其二，筛选抗寒的砧木，利用砧木对接穗的生理影响，比如以硬面包果为砧木或其他波罗蜜属资源，提高接穗的生理抗寒能力，而逐渐北移种植。

2. 建立优良种苗标准化繁育基地　为了确保种苗质量，提供优质种苗，是当前和今后发展面包果种植业的需要。目前，优良品种品系种苗缺乏是制约其生产发展的重要因素，国内这方面的研究尚处于起步阶段，笔者研究表明以本地菠萝蜜种子苗为砧木，能成功芽接面包果，芽接成活率为70%，砧木和接穗的亲和力强，芽接苗长势较好，定植3年零星出现结果，生产中可采用芽接法繁殖面包果的优良种苗并推广种植。因此有必要建立若干个专业化的面包果苗圃基地，或者借助已有的菠萝蜜种苗繁育基地，繁育面包果并统一提供优质种苗，这对海南省面包果稳定发展具有十分重要意义。

3. 进行高效栽培配套技术研究与集成应用　目前国外包括原产地在内，面包果成片的商品生产基地还很少，处在庭院栽培阶段，栽培管理粗放、技术不配套、产量不稳定等现状非常普遍，有必要进行综合丰产配套技术研究与示范推广，包括规范栽培技术、病虫害绿色防控技术以及合理施肥技术等。做到既要提高果实产量，又要推进品质提升及标准化生产。海南省处在台风高发区，面包果的矮化栽培技术也需引起重视，包括定干时期、留干高度等。

4. 开展面包果深度研究及产品研发与应用　面包果采收后，果实会在1～3天内迅速软化。如何保存面包果，控制果实的后熟，值得认真研究。国外也研发了面包果淀粉加工工艺，但设备简单，加工规模小，还需进一步深入研究，以开发这种特色鲜明的粮食作物资源，促进面包果种植业在我国热区的发展。

5.拓展面包果农业功能价值，培育特色产业 立足地区资源优势，因地制宜定向发展面包果产业，培育特色明显、竞争力强的面包果产业村、镇，形成"一村一品""一镇一业"等，促进乡村振兴。进一步发掘面包果的特色饮食文化，介绍面包果的引种历史、功能以及有趣的故事，设立专门的采摘区和品尝区，推出特色面包果菜肴，发力特色旅游消费，构成休闲乡村旅游与科普农业相结合的经营业态，以趣味性、知识性、观赏性来吸引游客，为特色木本粮食产业发展提供多种延伸服务。重点打造集木本粮生产、生态保护、休闲旅游等多种功能为一体的特色产业村，对发展地方特色经济、实施乡村振兴战略具有现实意义。

参考文献

罗根B, 2012. 老年营养学 [M]. 孙建琴, 译. 上海: 复旦大学出版社.

车秀芬, 张京红, 黄海静, 等, 2014. 海南岛气候区划研究 [J]. 热带农业科学 (6): 60-66.

陈清智, 2005. 风味似面包的水果: 面包果 [J]. 厦门科技 (4): 62.

符红梅, 谭乐和, 2008. 面包果的应用价值及开发利用前景 [J]. 中国南方果树, 37(4): 43-44.

何川, 2003. 红薯的营养价值及开发利用 [J]. 西部粮油科技, 28(5): 44-46.

华敏, 苗平生, 2014. 杨桃优质高产栽培技术 [M]. 海口: 三环出版社.

霍书新, 2015. 果树繁育与养护管理大全 [M]. 北京: 化学工业出版社.

李祥睿, 陈洪华, 2014. 英汉 - 汉英餐饮分类词汇 [M]. 北京: 中国纺织出版社.

林莹, 古碧, 刘婷, 等, 2011. 不同贮藏方式对木薯鲜薯品质的影响 [J]. 热带农业工程, 35(2): 5-8.

刘春浦, 刘一平, 1993. 家庭常用食补食疗妙方 [M]. 北京: 书目文献出版社.

刘喜平, 陈彦云, 任晓月, 等, 2011. 不同生态条件下不同品种马铃薯还原糖、蛋白质、干物质含量研究 [J]. 河南农业科学, 40(11): 100-103.

梁元冈, 陈振光, 刘荣光, 等, 1998. 中国热带南亚热带果树 [M]. 北京: 中国农业出版社.

沈兆敏, 2000. 柠檬优质丰产栽培 [M]. 北京: 金盾出版社.

宋璐璐, 2014. 全球民俗趣谈 [M]. 武汉: 华中科技大学出版社.

苏兰茜, 白亭玉, 鱼欢, 等, 2019. 盐胁迫对2种菠萝蜜属植物幼苗生长及光合荧光特性的影响 [J]. 中国农业科学, 12: 2140-2150.

谭乐和, 吴刚, 桑利伟, 等, 2017. 菠萝蜜 面包果 尖蜜拉栽培与加工 [M]. 北京: 中国农业出版社.

王延平, 赵谋明, 彭志英, 等, 1998. 美拉德反应产物抗氧化性能研究进展 [J]. 食品与发酵工业, 1: 70-73.

王云惠, 2006. 热带南亚热带果树栽培技术 [M]. 海口: 海南出版社.

韦安阜, 1980. 有趣的植物 [M]. 上海: 少年儿童出版社.

吴刚,白亭玉,苏兰茜,等,2020.面包果芽接繁殖技术[J].林业科技通讯,11:74-76.

吴刚,胡丽松,朱科学,等,2017.面包果在海南兴隆的引种调查初报[J].中国南方果树,46(4):99-101.

吴刚,朱科学,王颖倩,等,2018.面包果主要营养组分研究初报[J].中国热带农业,81(2):39-44.

吴广,1982.世界各国国旗[M].北京:世界知识出版社.

谢开云,屈冬玉,金黎平,等,2001.我国炸片用马铃薯原料薯生产中存在的问题与对策[J].中国马铃薯,6:355-357.

徐朝哲,2016.口岸检疫除害处理实务[M].上海:格致出版社,上海人民出版社.

徐敬武,1987.果品与健康[M].北京:中国食品出版社.

徐青山,1954.祖国的水果[M].上海:地图出版社.

徐青山,1957.瓜果小品[M].上海:上海文化出版社.

徐如庆,2012.神奇的世界[M].北京:中国城市出版社.

许元明,梁任龙,张贞发,2012.浅谈木薯资源的利用价值[J].科技视界,34:12-13.

尹秀华,刘婷,古碧,等,2011.木薯贮藏期呼吸强度及其主要品质变化[J].轻工科技,27(4):68-69.

张玉璇,1981.赏花与养花[M].长沙:湖南科学技术出版社.

赵世绪,1987.作物生殖生物学[M].北京:北京农业大学出版社.

郑汉文,吕胜由,2000.兰屿岛雅美民族植物[M].台北:地景出版社.

朱立新,李光晨,2005.园艺通论[M].北京:中国农业大学出版社.

Adaramoye O A, Akanni O O, 2016. Protective effects of *Artocarpus altilis* (Moraceae) on cadmium-induced changes in sperm characteristics and testicular oxidative damage in rats[J]. Andrologia, 48(2): 152-163.

Akanbi T O, Nazamid S, Adebowale A A, 2009. Functional and pasting properties of a tropical breadfruit (*Artocarpus altilis*) starch from Ile-Ife, Osun State, Nigeria[J]. International Food Research Journal, 16: 151-157.

Amp J, Ragone D, Aiona K, et al, 2011. Nutritional and morphological diversity of breadfruit (*Artocarpus*, Moraceae): identification of elite cultivars for food security[J]. Journal of Food Composition & Analysis, 24(8): 1091-1102.

Bates R P, Graham H D, Matthews R F, et al, 1991. Breadfruit chips: preparation, stability and acceptability[J]. Journal of Food Science, 56: 1608-1610.

Beyer R, 2007. Breadfruit as a candidate for processing[J]. Acta Horticulturae, 757: 209-214.

Dalessandri K M, Boor K, 1994. World nutrition-the great breadfruit source[J]. Ecology of Food

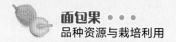
and Nutrition, 33: 131-134.

Ihekoronye A I, Ngoddy P O, et al, 1985. Integrated Food Science and Technology for the Tropics[M]. London and Basingstoke: Macmillan Publishers Ltd: 15-22.

Jansen P C M, 1991. *Artocarpus integer* (Thunb.) Merr. [M]// Verheij E W M, Coronel R E. PROSEA: Edible Fruits and Nuts. Wageningen, the Netherland: PUDOC: 91-94.

Jones A M P, Ragone D, Tavana N G, et al, 2011. Beyond the bounty: breadfruit (*Artocarpus altilis*) for food security and novel foods in the 21st century[J]. Ethnobotany Research & Applications, 9: 129-149.

Kulp K, Olewink M, Manhattan K, et al, 1994. Starch functionality in cookie system[J]. Starch and Starke, 42 (4): 53-57.

Liu Y, Ragone D, Murch S J, 2015. Breadfruit (*Artocarpus altilis*): a source of high-quality protein for food security and novel food products[J]. Amino Acids, 47(4): 847-856.

Maraz L, 2014. *Artocarpus altilis*[M]// Enzyklopädie der Holzgewächse: Handbuch und Atlas der Dendrologie. Weinheim, Germany: Wiley-VCH Verlag GmbH & Co. KGaA.

Maxwell A, Jones P, Murch S J, et al, 2013. Morphological diversity in breadfruit (*Artocarpus*, Moraceae): insights into domestication, conservation, and cultivar identification[J]. Genet Resour Crop Evol, 60: 175-192.

Murch S J, Ragone D, Shi W L, et al, 2008. In vitro conservation and sustained production of breadfruit (*Artocarpus altilis*, Moraceae): modern technologies for a traditional tropical crop[J]. Naturwissenschaften, 95: 99-107.

Nochera C, Caldwell M, 2010. Nutritional evaluation of breadfruit-containing composite flour products[J]. Journal of Food Science, 57(6): 1420-1422.

Nwokocha C R, Owu D U, Mclaren M, et al, 2012. Possible mechanisms of action of the aqueous extract of *Artocarpus altilis* (breadfruit) leaves in producing hypotension in normotensive Sprague-Dawley rats[J]. Pharmaceutical Biology, 50(9): 1096-1102.

Ragone D, 1997. Breadfruit, *Artocarpus altilis* (Parkinson) Fosberg[M]// Promoting the conservation and use of underutilized and neglected crops. Rome: International Plant Genetic Resources Institute.

Ragone D, 2011. Farm and forestry production and marketing profile for breadfruit (*Artocarpus altilis*) [M]// Elevitch C R. Specialty crops for Pacific Island agroforestry. Holualoa, Hawaii: Permanent Agriculture Resources : 61-78.

Ragone D, Cavaletto C G, 2006. Sensory evaluation of fruit quality and nutritional composition of

20 breadfruit (*Artocarpus*, Moraceae) cultivars[J]. Economic Botany, 60(4): 335-346.

Roberts-Nkrumah L B, 2007. An overview of breadfruit (*Artocarpus altilis*) in the Caribbean[J]. Acta Horticulturae, 757: 51-60.

Roberts-Nkrumah L B, 2012. Breadnut and breadfruit propagation: a manual for commercial propagation [M]. Rome: Food and Agriculture Organization of the United Nations.

Singh A, Kumar S, Singh I S, 1991. Functional properties of jackfruit seed flour[J]. Lebensmittle Wissenschaft and Technologie, 24: 373-374.

Taylor M B, Tuia V S, 2007. Breadfruit in the pacific region[J]. Acta Hortic, 757: 43-50.

Tiraravesit N, Yakaew S, Rukchay R, et al, 2015. *Artocarpus altilis* heartwood extract protects skin against UVB in vitro and in vivo[J]. Journal of Ethnopharmacology, 175: 153-162.

Turi C E, Liu Y, Ragone D, et al, 2015. Breadfruit (*Artocarpus altilis* and hybrids): a traditional crop with the potential to prevent hunger and mitigate diabetes in Oceania[J]. Trends in Food Science & Technology, 45(2): 264-272.

Zhou Y C, Taylor M B, Underhill S J R, 2014. Dwarfing of breadfruit (*Artocarpus altilis*) trees: opportunities and challenges[J]. American Journal of Experimental Agriculture, 4(12): 1743-1763.

图书在版编目（CIP）数据

面包果品种资源与栽培利用/吴刚，谭乐和主编.
—北京：中国农业出版社，2021.12
ISBN 978-7-109-28628-3

Ⅰ.①面… Ⅱ.①吴…②谭… Ⅲ.①面包果–品种
资源 ②面包果–栽培技术 ③面包果–综合利用 Ⅳ.
①S667.9

中国版本图书馆CIP数据核字（2021）第154036号

中国农业出版社出版

地址：北京市朝阳区麦子店街18号楼
邮编：100125
责任编辑：石飞华
版式设计：杜 然 责任校对：吴丽婷 责任印制：王 宏
印刷：北京中科印刷有限公司
版次：2021年12月第1版
印次：2021年12月北京第1次印刷
发行：新华书店北京发行所
开本：700mm×1000mm 1/16
印张：10.5
字数：200千字
定价：90.00元